戦争をやめさせ
環境破壊をくいとめる
新しい社会のつくり方

エコと
ピースの
オルタナティブ

田中 優［著］
未来バンク事業組合理事長、足元から地球温暖化を考える市民ネット理事

合同出版

もくじ

第4章 カネの問題 95

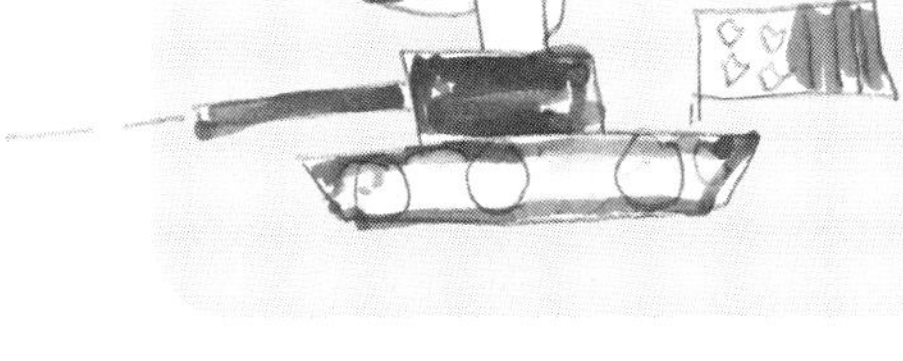

第6章　新たな社会へ　133

装幀＝守谷義明＋六月舎
組版＝Shima.
図版＝ギャラップ
絵＝イラクの子どもたち
（JIM-NET提供）

まえがき

2004年12月26日、インドネシア・スマトラ島沖を震源地とする巨大地震によって、インド洋沿岸各国を巨大津波が襲った。未だ被害者総数は不明だが、死亡者・行方不明者合わせて30万人以上（05年1月31日現在）という大災害となった。しかしインド洋に浮かぶ「ディエゴガルシア島」という小島にある米海軍基地だけは、ほとんど人的被害がなかったという。なぜならディエゴガルシア島の米海軍基地にだけは「米国海洋大気管理局」によって、津波発生と同時に警報が発せられていたためだ。しかし米海軍は電話を取って、他の地域の国々に警告を発することはしなかった[1]。わずか標高6メートルの場所に避難すれば助かっていた地域が多いから、数分前でいいから津波発生を伝えることができたなら、と思う。

これが太平洋であれば、「ツナミーター」という津波測定器によって、わずかな水圧変化も見逃さず、自動的に各国に津波警報を送れたはずだ。しかし貧しい国々が並ぶインド洋沿岸部にその警戒網はなかった。この「ツナミーター」は、センサーを搭載した6基のブイが配置されただけのもので、アメリカの2カ所の国立津波警報センターに自動的に警告を送るようプログラムされている。この装置の価格は1基わずか25万ドル。シアトルにある「太平洋海洋環境研究所」の研究者たちは、かねてからインドネシア近海を含めインド洋に、もう2基の津波測定器を置くことを要望していたが、その計画には資金が出されなかったという。アメリカはなぜ、人々を何万人も救うことにつながる5000万円ほどの設備にカネが出せなくて、数万人を殺す軍事費に、その百万倍もの資金を出しているのだろう。

この本は、戦争をやめさせ、地球温暖化を中心とする環境破壊をやめさせられる、新たな社会づくりの方法について述べたものだ。確かに大風呂敷だが、問題を解決していくには、大きな視点から問題の原因に迫り、その原因を取り除く方法を考えなければ解決できない。現象に踊らされても、対症療法以上のことはできない。だから大きな枠組みで考えることが必要なのだ。さらに問題を解決していくには、解決していくための戦略（ストラテジー）が必要だ。ただ問題を分析してみせるだけなら難しくはない。しかしそこから何ができるか、どういう可能性があるかを示せなければ実現には近づかない。しかも全体状況は悪化している。だから、まるでレーサーがコーナーを攻めるように、最短コースをフルスロットルで切り込んでいかなければならない。

しかしそれにしても、個人としての私たち自身は取るに足らない存在だ。とても大きな問題に思える戦争や環境破壊に対して、解決の手がかりを持っているとは思えない。しかし私たち市民は、問題との間にいくつかの接点を持っている。貯金や買い物、投票行動や生活するためのエネルギー消費などだ。接点というよりは、間接的に問題を解決する責任を負っていると言うべきかもしれない。その接点を通じて、市民が社会の仕組みを変えていくなら、オセロゲームのように、今見えている世界を「ネガ-ポジ転換」するように変えられるかもしれない。その可能性を知らせたいと思った。可能性が見えない中での活動は辛いし、効率的でもない。どうしても心情的な傾向に傾いて、「ライフスタイル」や「心の平和」というような内的世界に陥りがちになりやすい。

たとえば貯蓄の使われ方で言えば、戦争を支える資金であることをやめ、平和のための産業への資金提供にスイッチするだけで、大きな「現実」を生み出せる。また、税金を石油や原子力ではなく自然エネルギーにふりむけ、貯蓄を市中銀行や郵貯ではなく市民自身の投資に変え、買い物をスーパーではなくフェアトレードに、製品の選択を軍需企業製ではないものに変える、というだけで大きな違いが生まれる。

こうした現実を重視した方法を提案したい。ぼくがいつも他の人の話を聴いて物足りなく思っている解決策について、本書でかなり踏み込んで提案した。極力信頼できるデータを基にして、その中で信頼するに足ると思う足場を重ねながら、合理的に、論理の飛躍がないように注意しながらぼくの考え方を提示した。それでも十分ではないだろうし、本書ですべてを提案しきれたわけでもない。その点は、どうかご容赦いただきたい。

何よりぼくが欲しているのは教養ではない。実際に使うことのできる解決策なのだ。今ぼくは、友人たちと共に市民の「非営利バンク」を運営し、省エネ製品に買い替えるモニターを実行し、太陽光発電などを各地に設置している。そこからさらにもう一歩進めれば、「未来への扉」にたどり着く。その向こう側には今とはまったく違った社会の可能性が広がっている。ぼくはその扉を叩き、開いてみたいのだ。

考えてみると、この本を書くのに音楽家の坂本龍一さんに多くの示唆をもらった。またこの本を公表する機会を与えてくれた合同出版の上野良治さんに、ありがとうと感謝の気持ちを伝えたい。

第1章
戦争の原因はエネ・カネ・軍需

戦争はなぜ悪いか

ぼくが子どもの頃、「戦争は悪い」というのは常識だった。しかし、この常識も今では通用しないかもしれない。現在では、戦争は「必要悪」と言われるか、ともすると悪も消えて「手段としては有効」とされかねない風潮だ。この、「常識」とされていたことが転化するときが危ない。「常識」を、「常識でない」と虚を突かれると、時に情緒的・感情的な言い争いになる。反論する側の論理もまた「悪いのは戦争だ、だから戦争は悪い」というような循環論法に陥ってしまうからだ。

イラク戦争が始まる前、ぼくが関わっている日本国際ボランティアセンター（ＪＶＣ）では、「私たちを殺さないで」と書いたポスターとハガキを作った。それに載せた絵は、第一次湾岸戦争（１９９１年）の時に支援して以来続けている、イラクの子どもたちと日本の子どもたちとの「絵による交流」の際に描いてもらったものだ。

「絵による交流」の中の一人、ラナちゃんは将来学校の先生になりたいという自分と、日本の子どもとが手をつないでいる絵を描いてくれた。しかしそのラナちゃんには病気があった。湾岸戦争の時にアメリカ軍が膨大に使った、「劣化ウラン弾」の影響と思われる白血病にかかっていたのだ。[2] ラナちゃんの写真は病院で撮られたものだ。しかし、イラク戦争が始まる前の１９９０年からの13年間、イラクは経済制裁を受けていたため、病院に医師はいるが薬はなく、彼女は十分な医療を受けることはできなかった。彼女の左の目の充血は白血病によるもので、彼女が自分の夢を叶えられる確率は高くはなかった。

フセイン大統領は、駐イラク米国大使エイプリル＝グラスピーの「米政府はイラク・クウェート紛争を地域問題と考えており、介入する意志は全くない」という発言[3]を真に受けてクウェートを侵略するなど、もともと国の指導者としてはろくでもない人物だった。しかし「国の代表が悪いなら国民も悪い」とするなら、アフリカにもアメリカにもヨーロッパにも日本にも、助けるに値する人間などいなくなってしまうだろう。国家と被害を受ける人々とを切り離して考えるというのがＪＶＣの考え方だ。だからＪＶＣは、将来の国際社会は国と国との関係ではなく、市民と市民の交流に基づいたものになるべきだと考えている。

その後、全世界での反戦のムーブメントを無視して、アメリカはイラクを爆撃した。アメリカが言うところの「戦争終結」後、ＪＶＣのメンバーがラナちゃんを訪ねたが、彼女の生命の火はすでに消されていた。享年わずか12歳だった。これは単なる一人の死だ。しかも戦争の犠

図①　12歳で死んだイラクのラナちゃん（撮影＝佐藤真紀・JIM-NET）

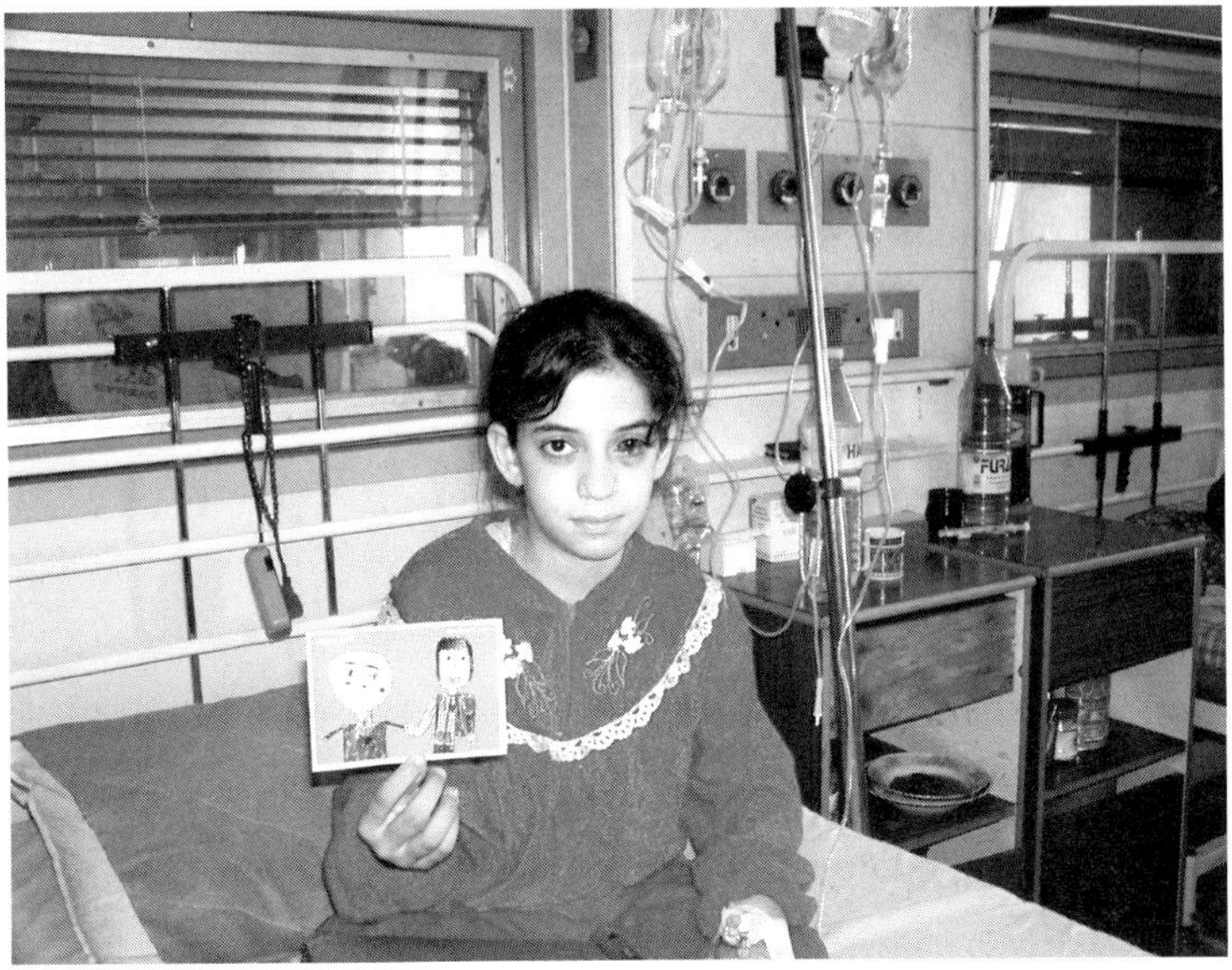

牲者にすらカウントされない。権威あるイギリスの医学誌『ランセット』が推定したところによれば、「2002年3月のイラク戦争開戦後、03年2月までに、米軍の武装ヘリコプター攻撃などによるイラク人の死者数が、女性や子どもを中心に10万人を超えた」[4]そうだ。しかもこれには2回のファルージャ攻撃が含まれていない。とくに2回目のファルージャ攻撃では、町中すべての動くものが攻撃を受け、道路にある死体も動かせず野犬の餌になっている状態だった。[5]この少女ラナちゃんの一人の死を悼むのだとしたら、その数十万倍も悼まなければならない。それが戦争なのだ。

こんな情報も、希望するなら簡単に

手に入る。知ってしまった人は他の人に知らせたくて、インターネットでさかんに紹介している。しかし一方で人々は悲惨すぎる情報を受けたがらない。だから戦争の現実が見えてこないのだ。そして困ったことに、その現実に目を背けたがる人々が戦争を支持し、声高の意見に同調するのだ。そして事実を突き付けられても「あれはウソだ、陰謀だ」と、事実を消しにかかる。

ぼくら安全な側の世界なら、それでも通用するかもしれない。しかし現実にイラクに生きている人にとってはどうだろうか。さしたる理由もなく親兄弟を殺され、しかもその事実を「ウソだ、テロリストだったからだ」という一言で否定される者にとっては。

そう、ぼくが戦争と戦争を支持するのは悪だという一番の理由はそこにある。人の存在が無視されてしまうのだ。否定され無視され、誰からも相手にもされず、死に際しても手を差し伸べられず捨てられていく。おそらく恵まれた境遇の人にはイメージしにくいかも知れない。人にとって一番不幸なことは、誰からも忘れ去られていくことなのだ。

もし殺された者の子が、事件後に生き延びることがあったら、その子は何のために生きようとするだろうか。無視した存在を抹殺するために生きようと思うのではないか。それこそまさにテロリストの誕生だ。「テロとの戦争」とは、テロリストを量産するための仕組みとなっているのではないか。「テロとの戦い」ということがあるとすれば、テ、ロ、リ、ス、ト、と、の、戦、い、ではなく、理不尽な死を量産するこの連鎖をなくすことだろう。

戦争の原因

ブッシュJr.らは、アメリカの02年3月のイラク侵略を次のように正当化した。
①フセインは大量破壊兵器を持っている。
②9・11テロに関わった。
③核兵器を入手しようとした。
④抑圧されたイラクの民衆は民主主義による解放を求めている、と。
しかし、事実を本人たち自身のその後の発言で証言させよう。
①パウエル米国務長官は2004年9月13日の上院政府活動委員会の公聴会で、大量破壊兵器について「いかなる備蓄も見つかっておらず、この先も発見されることはないだろう」と証言し、事実上の調査断念を言明した。[6]
②ブッシュ米大統領は2004年9月17日、イラクのフセイン元大統領と米同時多発テロとの関係について「サダム・フセインが9・11に関与したという証拠は何もない」と記者団に表明した。[7]
③米政府は2003年7月8日、イラクとニジェールのウラン取引を示す英国情報に基づく契約書類について、「でっち上げられたものだったと分かった」と公式に認めた。しかもこれはアメリカ大統領の一般教書という最も重要な演説でも引用されたため、パウエル米国

務長官は「大統領もブッシュ政権の誰も米国民を欺いたり、だますつもりはなかった」と釈明せざるを得なかった。

④「アメリカがイラクを侵略したら、イラク民衆の大部分が、米兵を歓迎すると思いますか?」というテレビ司会者の質問に、ラムズフェルド国防長官はこう答えた。「もちろんです。米兵がイラク人に歓迎されることについては、疑問をはさむ余地もありません。アフガニスタン戦争が終わったあとでも、タリバンから解放された市民は、大喜びで街道にくり出し、音楽を奏で、凧を揚げて、お祝いしたではないですか」。

戦後7カ月、ラムズフェルド国防長官は、同じテレビ司会者からの「戦争が始まる前、国防長官はイラクの民衆が諸手をあげて米兵を歓迎するとおっしゃいましたよね」という質問に、こう答えた。「ちょっと待って、そんなこと、決して言ったことがありません。私がそう言ったなんて、ありえません。誰か他の人が言ったことと勘違いしているのではないですか?　どこを捜しても、私がそう言った証拠なんてないはずです」(8)。

まるでコメディーかコントのようだが、残念ながら世界で最も権力を持つ人間たちの発言だ。しかし、こうなることはすでに多くの人々が気づいていたことだ。国連の査察官は「イラクに大量破壊兵器はない」と言っていたし、イスラム原理主義者アルカイダたちはフセインを「イスラムを堕落させた」と憤っていたし、イラクが核兵器を持っているという話の元になった「英国極秘情報」は国際原子力機関（ＩＡＥＡ）が偽造文書だと断定したものだった。圧倒的な武力によって家族を殺された者が、「民主主義的に殺してくれた」と解放を祝うだろうか。

これらの簡単にばれてしまうウソが力を持ったり、ウソをついた者の責任が問題にされないのも困ったことだが、ぼくが気にかかるのは別なことだ。

では、イラク戦争の、本当の動機は何だったのか、ということだ。

ここでガンが発生するまでのプロセスに当てはめて戦争への流れを考えてみたい。ガンが発生するには、2つのプロセスが必要だ。まず最初に発ガン物質を食べるなり放射線を浴びるなりして、体内にガン細胞が作られるプロセスがある。この発ガンの原因物質を「イニシエーター」(遺伝子損傷性発ガン物質)と呼ぶ。しかし、それだけではガンは増殖しない。さらにガン細胞を活発化させ、体内で増殖させるガン促進物質の存在が必要になる。これを「プロモーター」(ガン促進物質)と言う。イニシエーターとプロモーター、この両方の存在があって初めてガン細胞が体内に発生し、増殖していくのだ。

この発ガンのプロセスをイラク戦争に当てはめてみる。たしかに政府高官たちの数々の「ウソ臭い発言」も戦争の促進材料(プロモーター)にはなっただろうが、肝心の発ガン物質にあたるイニシエーターが見つからないのだ。「彼ら(ブッシュたち)は本気でフセインに殺されると怯えていたのだ」「米国の自衛戦争」と強弁することもできなくはないが、とても妥当な判断と思えない。

もし戦争の動機が別にあるとしたら何だろうか。ぼくは「エネ・カネ・軍需」、これこそがイ

図②　戦争を起こす本当の原因

戦争を起こす本当の原因

- 戦争をガン発病になぞらえると、発ガン物質（イニシエーター）とガン促進物質（プロモーター）とに分けて考えられる。
- ネオコン（新保守主義者）は確かに好戦的で自己中心的なものだが、イニシエーターではなく、プロモーターではないか。

発ガン物質にあたるのは、エネ・カネ・軍需ではないか

ラク戦争の動機となったイニシエーター（発ガン物質）だと思う（図②）。

イラク戦争は石油戦争か

　エネはもちろん石油のことだ。「石油のために血を流すな！」という反戦スローガンが掲げられるように、戦争の原因は、石油だとして平和団体の中では常識的に語られる。イラクは世界第2の石油の確認埋蔵量を持ち（図③）、しかも産油コストも抜群に安い。一方のアメリカの油田は、アラスカ・メキシコ湾を除いて枯渇に近づき、新規油田地域は環境問題の規制から採掘が難しい。だからイラクの石油を確保したいためにフセイン政権を打倒したのだ、という話だ。

　しかし、これに対しても懐疑論がある。

図③　世界の石油確認埋蔵量比率

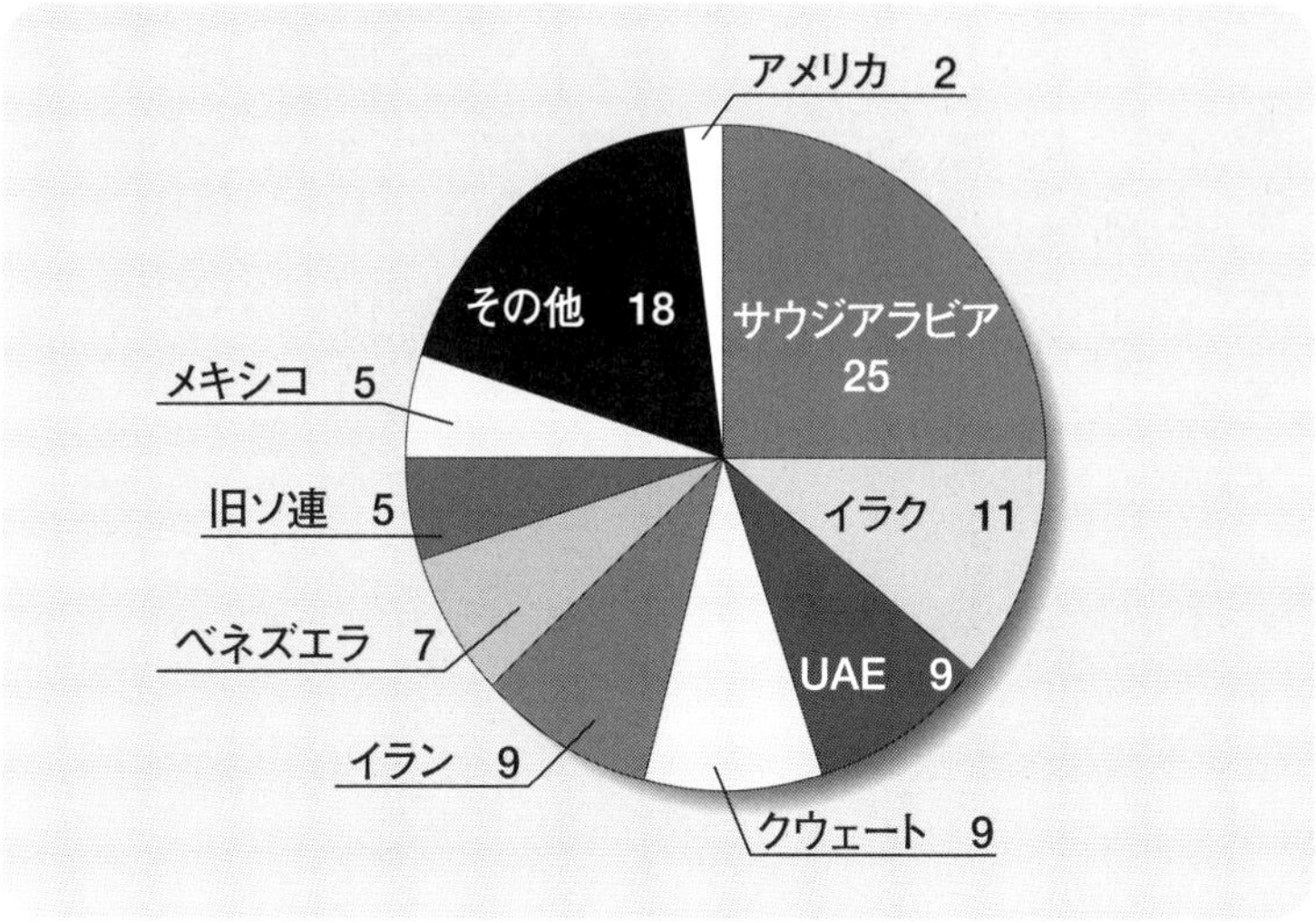

いわく「戦争の結果、アメリカが儲かるものとは限らないし、実際には損失の方が大きい」。しかも「アメリカがイラクの採掘権を独占できるものでもないし、イスラム圏に敵対しては、逆に採掘がむずかしくなる」という意見だ。

しかし、アメリカが欲しいのは石油そのものではないと考えたらどうだろう。石油そのものでなく、「石油価格の決定権」を手に入れることだったら。イラク侵略以前に、アメリカの「石油価格の決定権」は2つの大きなダメージを受けていた。従来、アメリカは原油価格が自国にとって不都合な水準に高騰すると、産油量に余力のあるサウジアラビアとベネズエラに増産を依頼し、供給量を増やすことで価格を下げてきた。

しかしそのベネズエラの存在が1998年、ウゴ・チャベスが大統領に当選してからあてにできなくなってきた。それまでのベネズエラの石油公社は、公社とは名ばかりで国家に一銭も収入を入れないアメリカの下請け会社だった。

南米のベネズエラは貧しい。多くの人々が日常の飢えに苦しんでいるほどだ。「貧民のための政治」を掲げ、そんな石油公社のあり方はおかしい、その石油収入を国庫に入れるべく、公社を解体しようと公約して大統領になったのが、もともと陸軍落下傘部隊の軍人であったウゴ・チャベスだった。チャベスの反米政策にアメリカが激怒し、その後チャベス大統領は、ほぼすべてのテレビチャンネルで「キューバの手先」と攻撃され、議会で罷免を要求され、クーデターを仕掛けられて拉致されてきた。しかしベネズエラの人々は、そのたびにチャベスを護り、拉致から解放させ、テレビ局が流すプロパガンダに乗せられなかった。(9) こうしたチャベス政権の誕生によってアメリカは、「石油価格の決定権」の一つの手段を失っていた。

もう一方のサウジアラビア王国も政権が不安定だ。「腐敗した、イスラム原理主義の王国」だと言われるが、その存在自体が大きな矛盾だ。サウジがイスラム原理主義の諸派に活動資金を与えているのも、腐敗した王国の延命策だと言われている。油田は長年汲み上げていると産油量が減り、枯渇するため、繰り返し新しい油井を掘り当てていかなければならない。しかし、国際資本にとってサウジは安心して投資できるほど政権が安定していない。一説には、現状のサウジの油田は「手榴弾一つで簡単に壊せる」ほど老朽化、脆弱化していると言われている。もしサウジが王制を廃止し、民主化して総選挙にでもなったら、大統領に選ばれるのはビン・ラディンだとまことしやかに語られる状況の下で、いつまでアメリカはサウジ政府を利用できるのか。「石油価格の決定権」からみると不安を抱かずにいられない状況だと言えるだろう。そして実際にイラクへの侵略戦争を契機として、２００４年、すべての石油メジャーと呼ばれる英米の巨大石油会社は、過去最高の利益を記録していたのだ。

「石油価格の決定権」の確保がイラク戦争のイニシエーター（発ガン物質）だとすれば、もう一つ戦争を実行するための必要条件、「国益にかなうこと」という条件は満たされたようなものだ。アメリカが他国を攻撃するときには議会を説得する必要があり、それには「国益にかなう」という大義名分が必要とされる。これまで国益と関係ないことでアメリカが海外派兵した例は「ボスニア紛争」の時だけだと言われている。そもそも国益にかなわないボスニア紛争へ軍事介入するため、広告代理店がいかに苦労して大義名分を作り上げたか、ＮＨＫ報道局の高木徹氏が『ドキュメント戦争広告代理店――情報操作とボスニア紛争』（講談社、02年）という本に克明に描いている。

しかし「石油、エネルギー問題」であれば、論議するまでもなく、アメリカ国民が参戦するに足る「国益」にかなうことなののだ。イラクに侵略し、北朝鮮には手を出さない理由が、「有望な油田がないから」と言うのもあながち冗談とも思えない。(10)

図④　日本と中国における石油消費量の推移（文献：36）

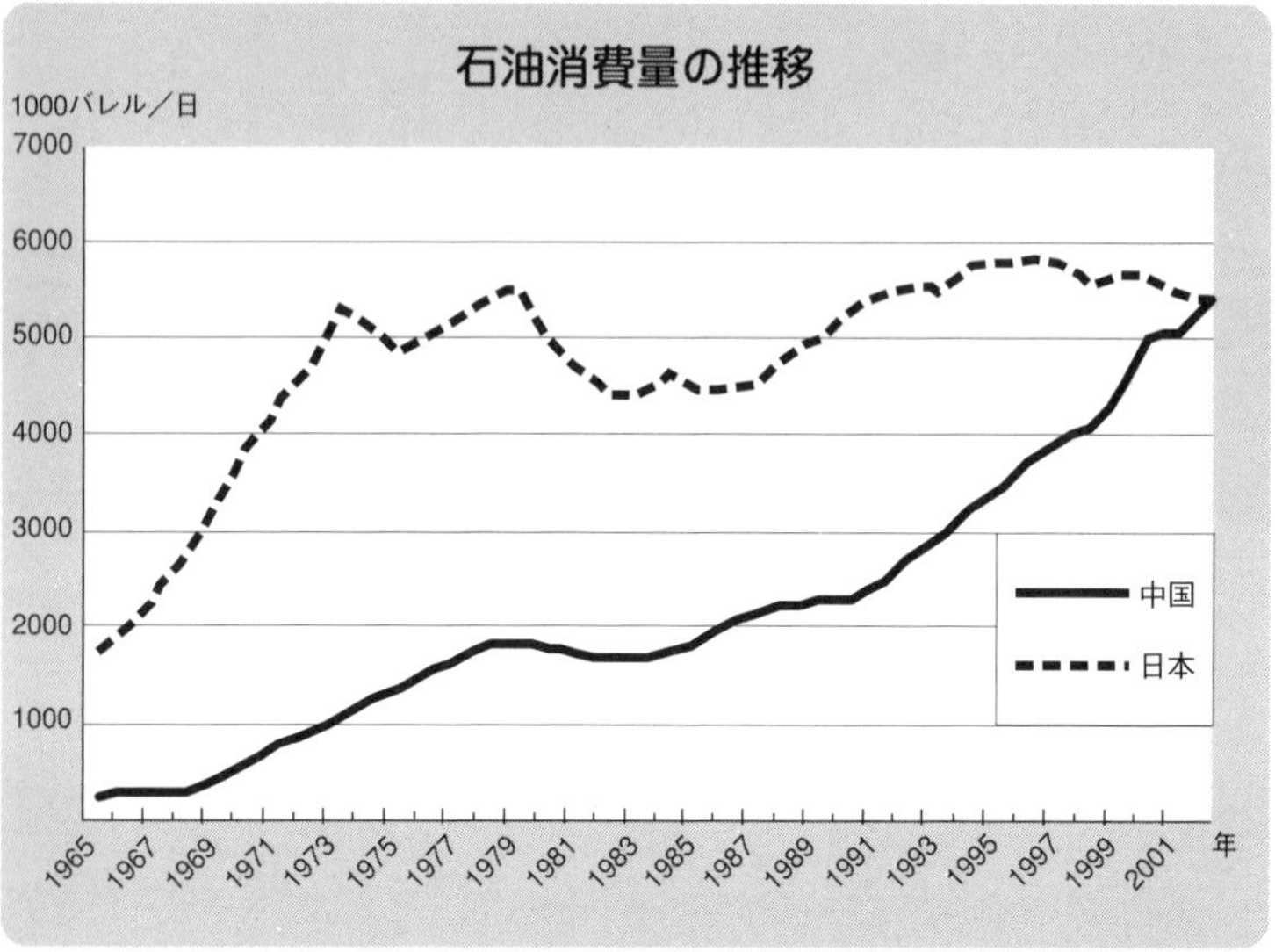

石油を逼迫させる中国需要と石油戦争

確かに世界の石油需要自体も逼迫してきている。原因は中国の石油需要の急速な伸びだ。中国は石油の消費量で、すでに世界第2位の需要を誇っていた日本を02年に抜いた（図④）。05年時点で世界第2の消費国は中国になっている。もちろん中国自体も産油国で、有望な油田をいくつも持っている（図⑤）。しかしそれ以上に中国の石油需要の伸びは急激で、現時点で石油の輸入量は世界第2位の日本の半分まで近づいている。中国が石油を輸入し始めたのは、1994年からのことなので、日本の半分に到達するまでにわずか9年間しかかかっていな

図⑤　中国の有望な油田（文献：11）

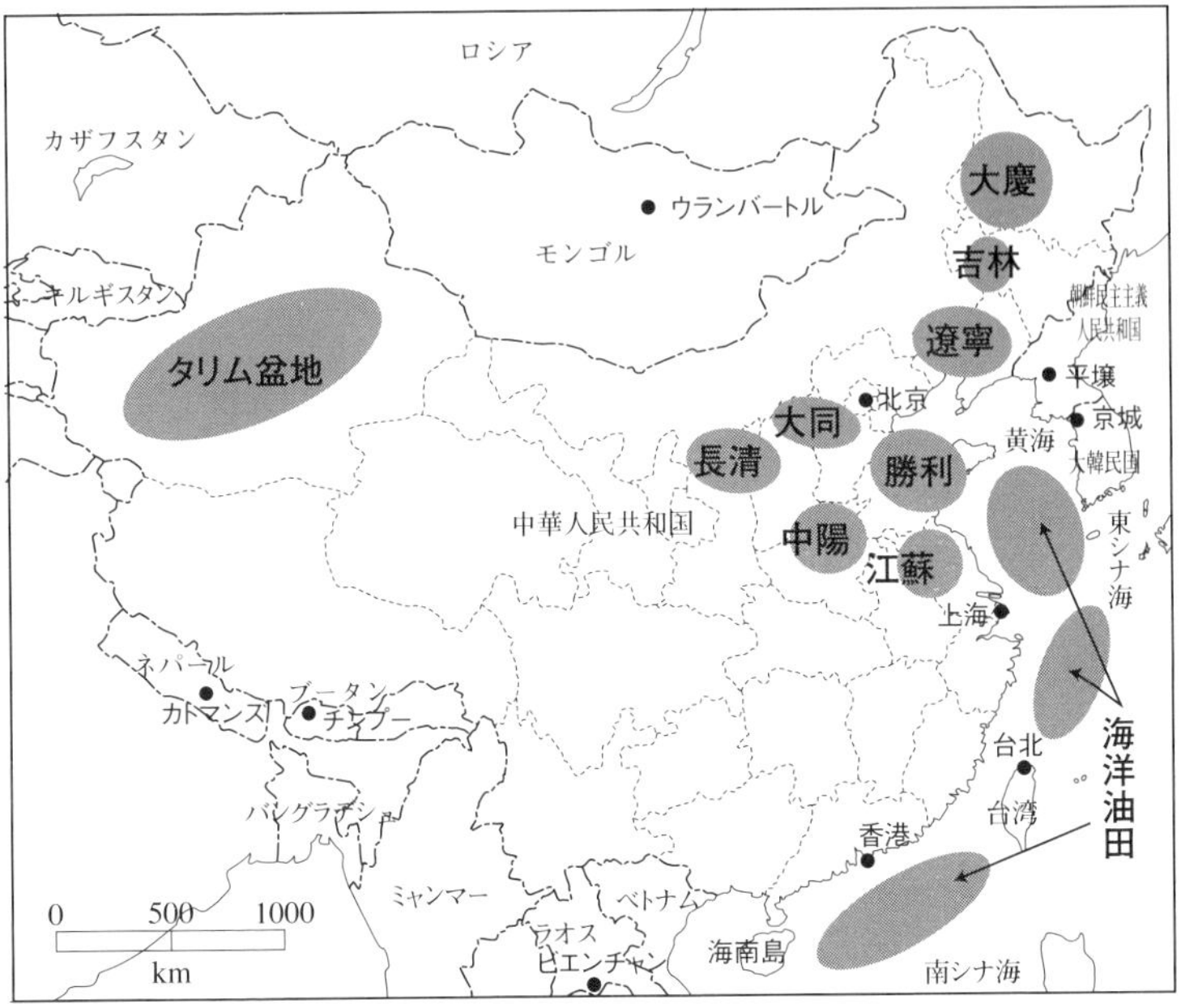

い。今後の中国の石油輸入量は、あと15年で現在の4、5倍に達すると見込まれている（図⑥）。当然、日本以上の石油輸入国になる。これから自国の油田を開発する分だけでは間に合わない。しかも中国周辺で開発できる有望な油田はほとんどが海洋にあって、フィリピン、マレーシア、ベトナムそして日本との間にあり、国境紛争をすでに招いている。

現在の中国へのパイプラインをみると、天然ガスのパイプラインはアフガン戦争の発火点であったトルクメニスタン周辺のガス田から延び、石油は「第二のペルシャ湾」と呼ばれるカスピ海から中国

図⑥　中国における石油の国内自給量と輸入量（文献：11）

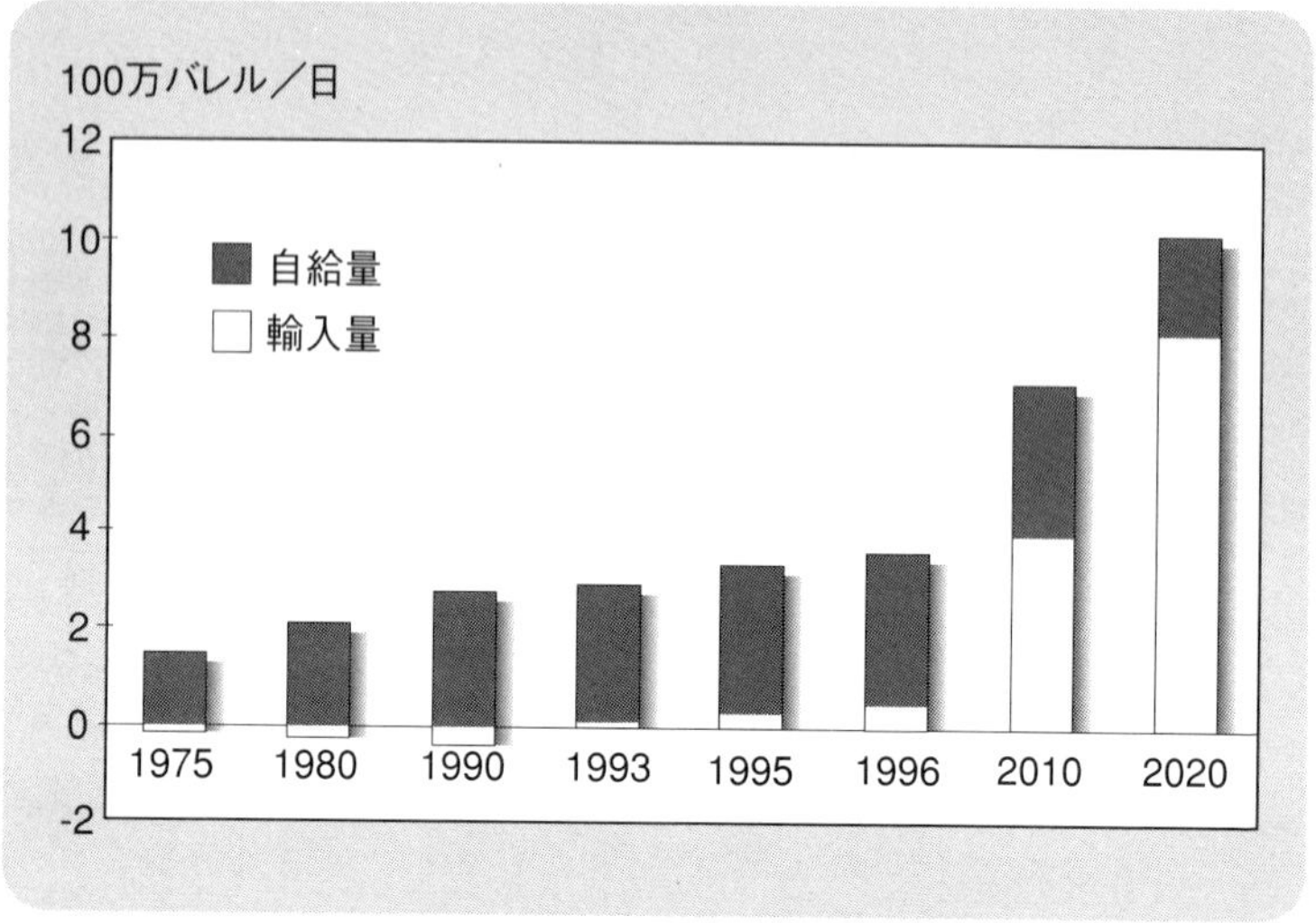

本土に引き込まれている（図⑦）。まさに今回の戦争地から伸びているのだ[11]。

　そのカスピ海周辺では、グルジアとアゼルバイジャンを通る石油パイプラインがロシアの手を離れてアメリカに支配されるようになった。ロシアの支配下に残されたパイプラインはチェチェンを通る。チェチェンは2回の独立戦争で、国民の20％が死に、20％が負傷し、15％が難民となった[12]。それでもロシアが強硬にチェチェンの独立運動を弾圧し、この地を死守するのは石油パイプラインの存在なしに考えられない[13]。

　ダイオキシンを使った大統領候補毒殺の疑いが掛けられ大統領選挙で揺れたウクライナにもまた、カスピ海から石油パイプラインを引く計画がある。パイプラインの敷設ルートをめぐって米ロがそれぞれの対立

図⑦　中東から中国へのパイプライン（文献：11）

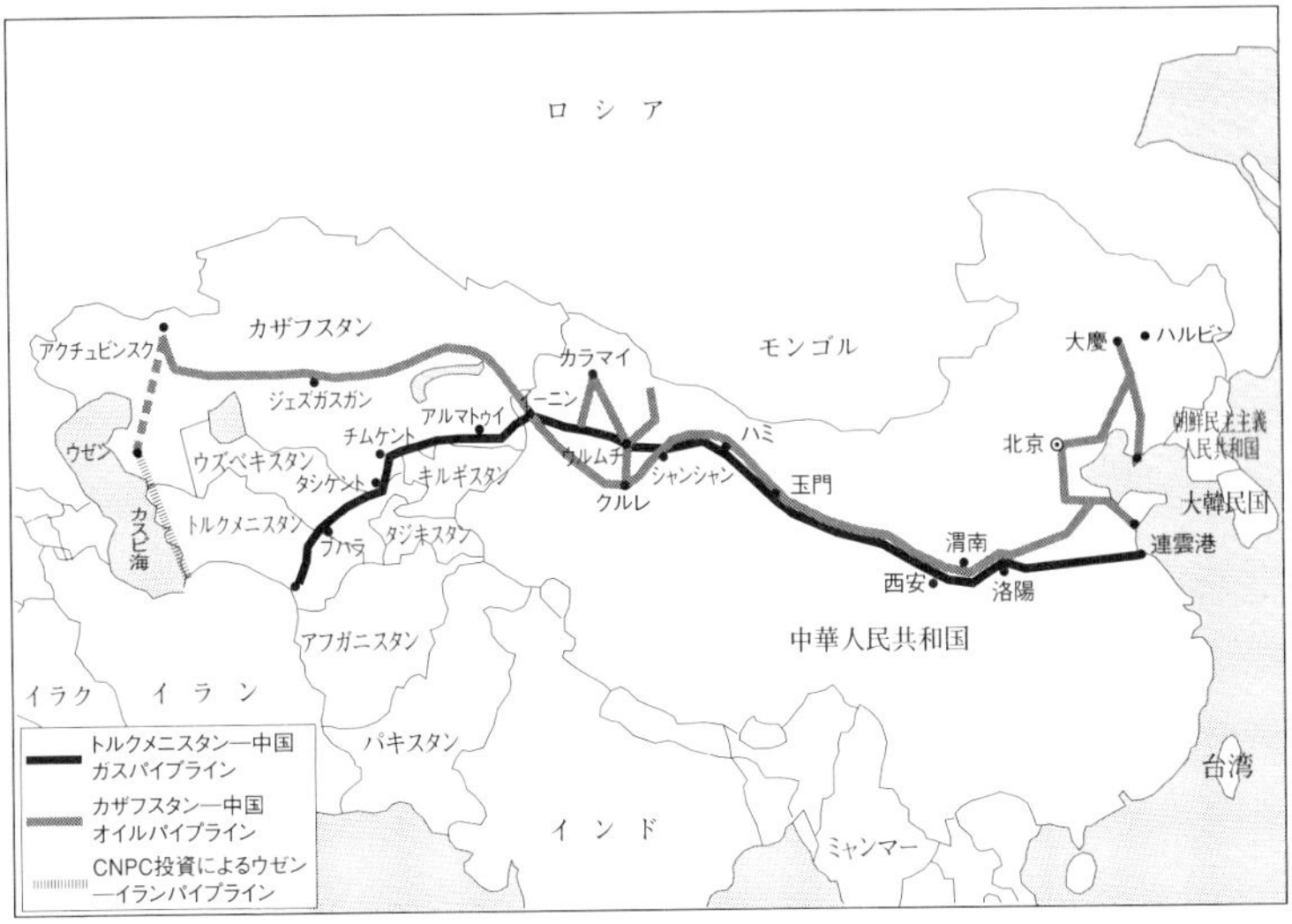

候補を応援した。やり直し選挙でアメリカ寄りのユーシェンコがウクライナ大統領になったが、同時期にアメリカ寄りだったロシアのユコス社がロシア政府によって解体させられている。(14)

フィリピンのミンダナオ島では百人程度しかいないイスラム過激派「アブサヤフ」を退治するためと称して、数千人の米軍兵士が送り込まれ、50万人以上の島民が難民化している。このミンダナオ島にも油田が確認されている。イスラム過激派「アブサヤフ」の存在は、明らかに武力侵攻のための口実、「対テロ戦争」という説明に利用されているだけだろう。(15) フィリピン軍を含めて1万人以上の軍隊が百人程度の過激派を何年も追いかけて掃討できないわけがない。ほとんど絶滅危惧種でも保護しているようにしか思えない。

中南米に目を転じてみよう。コロンビアでは麻薬撲滅作戦と称してアメリカが上空から枯葉剤を撒き、コカインの原料であるコカの木と同時に農作物も枯死させている。ここでは麻薬からアメリカを守ることが介入の大義名分になっているのだが、この地域でもまた油田が確認されている。(16)

今爆発的にケシを増産しているのはタリバン政権を撲滅した後のアフガニスタンだ。実に以前の20倍に増やして史上最大の生産量を記録し、国内総生産（ＧＤＰ）の６割を占めるに至っているという。(17)麻薬撲滅がアメリカ介入の本当の理由なら、アフガニスタンにこそ枯葉剤を撒くべきではないのか。そのアフガニスタンには、２００１年のアフガン爆撃前から「トランス・アフガン・パイプライン」という、トルクメニスタン周辺からの天然ガス輸送のパイプラインが、アメリカ・ユノカル社によって敷設が予定されていた。(18)その計画がタリバン政権から拒絶されたのが「９・11事件」の２カ月前だった。９・11事件後、アメリカはアフガニスタンに潜伏するアルカイダが犯人だとして、１カ月後にはアフガンを爆撃している。そして爆撃から４カ月後、この「パイプライン計画」が復活しているのだ。実に隙のない事態の推移ではないか。しかもその後、大統領になるカルザイ自身、かつてユノカル社の顧問だった。

東チモールの問題をみておこう。２００２年インドネシアから独立した東チモールは、オーストラリアとの海峡に「チモールギャップ」と呼ばれる油田を持っているが、これがあったために東チモールは翻弄され続けたと言えるだろう。1975年以来、スハルト大統領率いるインドネシア軍は東チモールの独立運動を弾圧するため、人口の3割にも及んだといわれる大虐殺を繰り返してきた。オーストラリアは、その虐殺を不問に付す代わりに、インドネシアとの間で、本来、大部分が東チモールに属する海底油田を自分のものとしてきた。このようなスハルト政権が先進国各国から支持を得て延命して来られたのも、先進国に飼いならされた産油国であったためだろう。しかし東チモールの独立以降、オーストラリアは自国に有利な国境線を押しつけて、その油田を奪おうとしている。[19]

現在、アフリカ大陸の各国で国家間紛争、内戦が激化している。今のアフリカの最大の輸出品目が石油になっている。アメリカはテロ対策を理由にして、このアフリカ大陸に間接的に軍事関与を強めている。02年9月パウエル国務長官は、地球サミットの帰路にアフリカにある産油国に立ち寄っている。地下資源の専門家たちは、10年後には中東に次いでアフリカ大陸が第2の石油の輸出元になり、天然ガスについても同様となる可能性があると断言している。[20]

ここまで読まれてどうだろうか。現在の紛争地と石油地帯が一致するのが見えるだろう。世界は石油戦争の時代に再び入ったと言えるのではないだろうか。

戦争の動機としてのドル危機

もう一つの戦争の動機として、「隠されたドル危機」があるのではないか。米ドルは言うまでもなく第二次大戦後、世界の基軸通貨であり、世界を循環する「経済の血液」そのものであった。すべての商品はドルをベースにして価格が体系づけられ、各国の中央銀行に外貨準備高としてドルが蓄えられた。これを、ドルを発行するアメリカ側からみると、ドルを印刷するだけで、世界中すべての国からの資源をタダで得ることのできる仕組みとなっていたのだ。ドルは常に各国から外貨準備として必要とされ、世界中に血液のように循環させるためには過剰に供給することを要請された。ドルは印刷されて商品と引き換えて渡すだけで、相手に有り難がられる「魔法の杖」だったのだ。

しかしイラクのフセイン大統領は、自国の石油を販売する通貨として、ユーロを選択した。ドルが下がっていく基調の中、フセイン政権は自国の石油を販売する決済通貨としてユーロを選択することで、イラクに利益をもたらしていた。しかしフセイン政権が倒された後、傀儡《かいらい》政権はなぜかイラクに損をさせるドル決済を選択した。03年6月、占領軍は石油取引通貨をユーロからドルに戻したと報じられている。

イランは現在アメリカから軍事的な脅しを受けているが、そのイランもまた石油取引をユーロで行なう、「イラン石油取引市場（ＩＯＢ）」の設立をめざしている。[21] そして今、中国をはじめとするアジア各国で、外貨準備を従来のドル独占状態から各国通貨のバスケット方式へと変更しはじめている。[22] バスケット方式とは各種のパンをパン篭（バスケット）に盛るように、関係する各国の通貨をバランスよく準備する方法だ。こうして今、各国がドル離れを起こし、少

図⑧　世界の軍事費（1994～2003年）文献：23

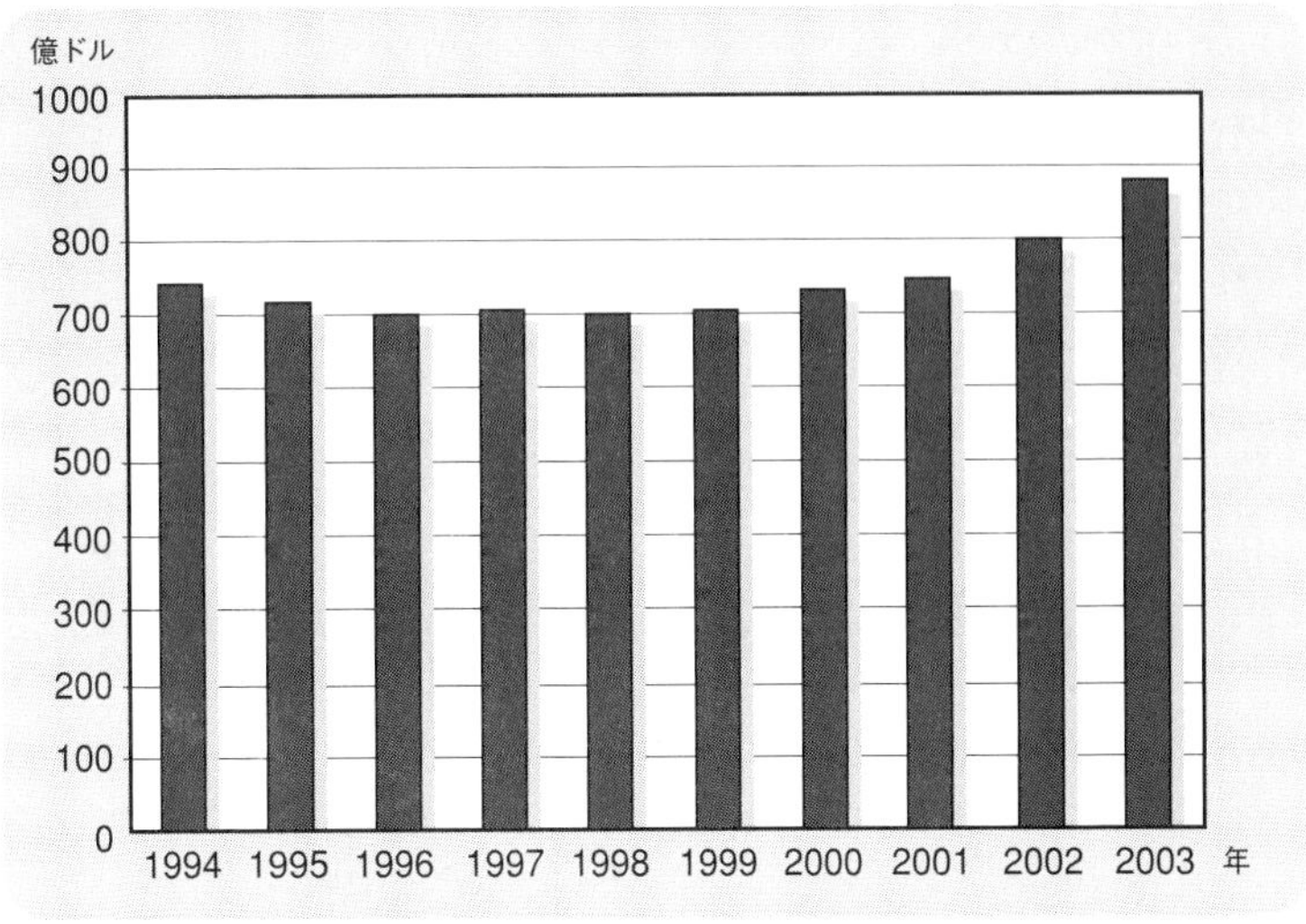

なくともアメリカがドルを印刷するだけで世界中から資源を受け取ることができた時代は終わりかけている。このことがアメリカをして、軍事侵略をさせる原因になっているのではないだろうか。

軍事費とその資金を出している人々

図⑧のグラフを見て欲しい。これは世界の軍事費のグラフだ[23]。1991年、旧ソ連の解体によっていったん「平和の配当」に向かった軍事費は、北大西洋条約機構（NATO）軍によるボスニア・コソボ爆撃（1995年）を契機に再び増加し始めている。しかし軍事費は世界全体で均等に伸びているのではない。軍事費を突出して使っているのはアメリカなのだ。第2位は平和

図⑨　世界軍事費ランキング（文献：24）

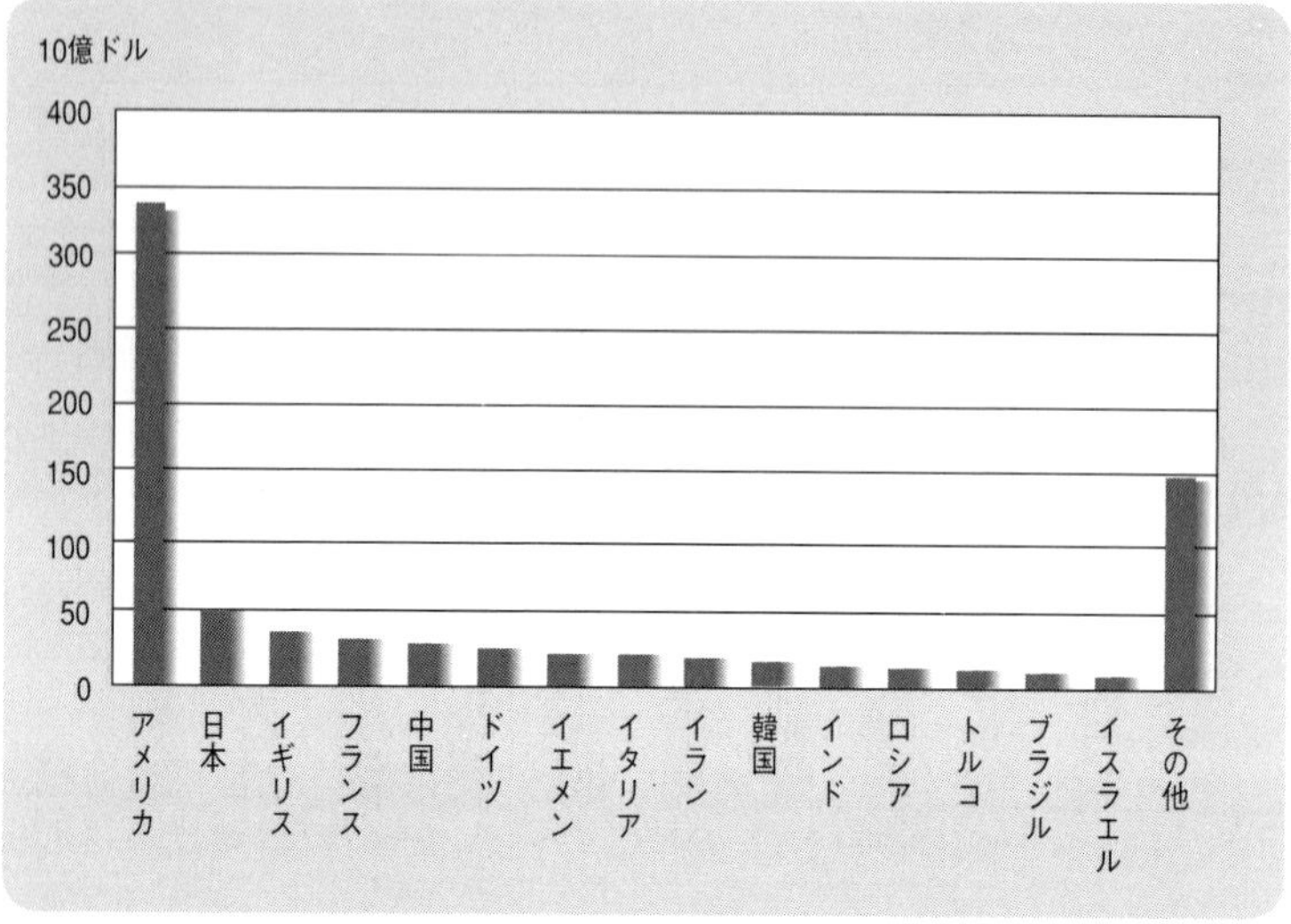

憲法を持つ日本であり、アメリカから兵器の多くを調達している（図⑨）[24]。そのどちらの国も財政赤字大国なのだ。両国とも税金からの収入だけでは、これだけ巨額の軍事費支出を支えきれない。どのように支えているのかを調べてみよう。

アメリカの軍事費は、巨額の国債によって調達されている。しかしアメリカ人は貯蓄が少なく、国債を買い支えられない。その分、海外の投資家に買ってもらうことになる。しかしユーロという対抗する通貨がある現在、かつてのようにドルを印刷すれば外貨準備金として各国に引き受けてもらえるという時代ではない。現にアジア各国はドルからユーロに外貨準備金をシフトしている。

ではどこがアメリカの国債を買い支えて

図⑩　米国債購入国比率（文献：25）

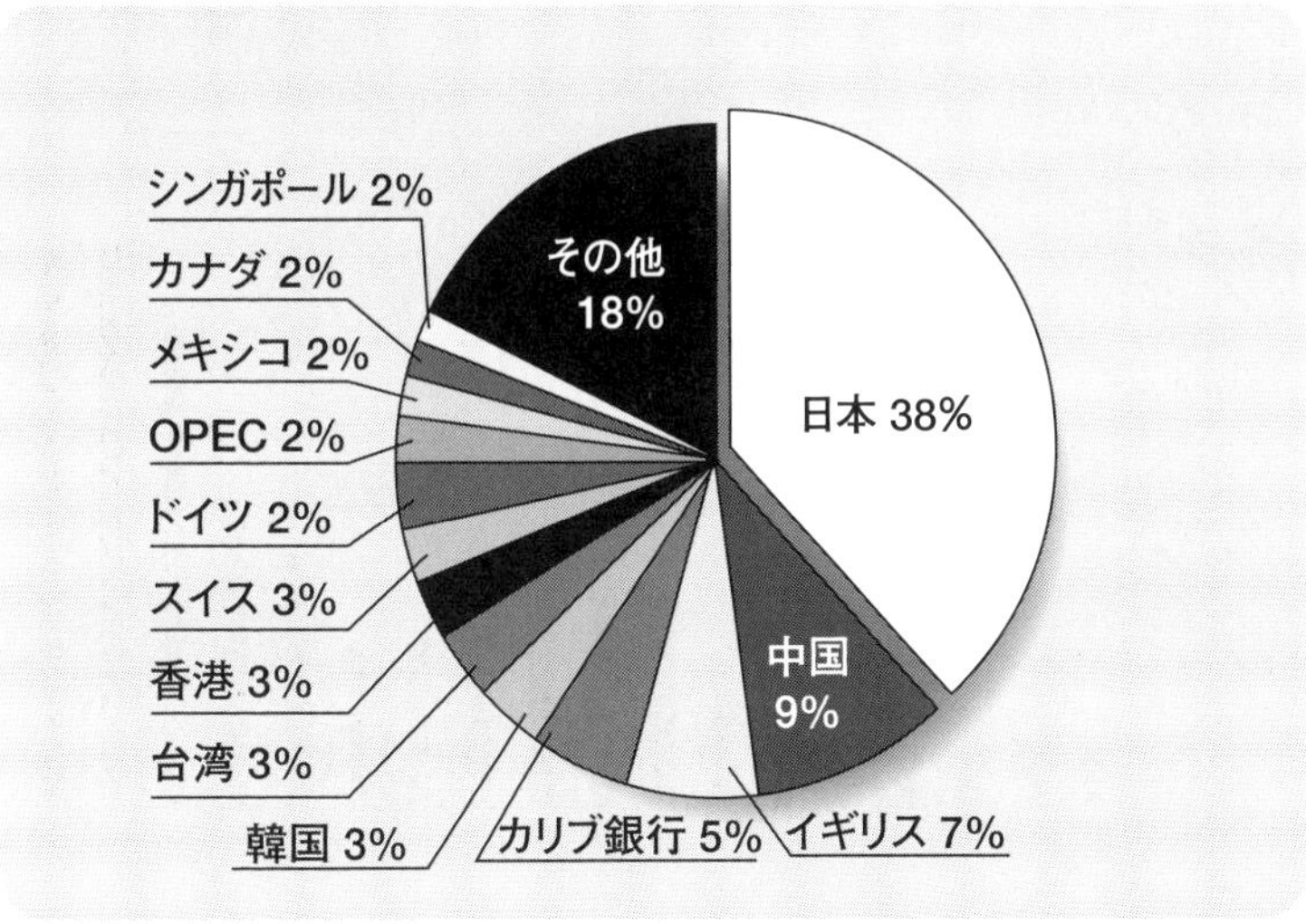

いるのか。米国債を買い支えている資金の出所を示したのが図⑩の円グラフだ。[25]圧倒的に日本の購入によって支えられているのが分かる。しかもアメリカとの貿易黒字額と対比してみると、日本は84～86年の3年間を除いて、80年以降一貫してアメリカからの貿易黒字額以上のカネをアメリカに貢いでいる（図⑪）。

このアメリカに貢がれるカネの流れは、日本政府が米国債を買うことで完結する。米国債は外貨準備金によって買われ、外貨準備金は日本政府が発行する政府短期証券から充填される。その政府短期証券をせっせと購入しているのが、融資先が見当たらないため資金運用に困っている日本の銀行である。その銀行の資金は、私たちの銀行預金だ。このように私たちの銀行預金は、

図⑪　対アメリカ貿易黒字と日本の外貨準備高（日本銀行ＨＰのデータより）

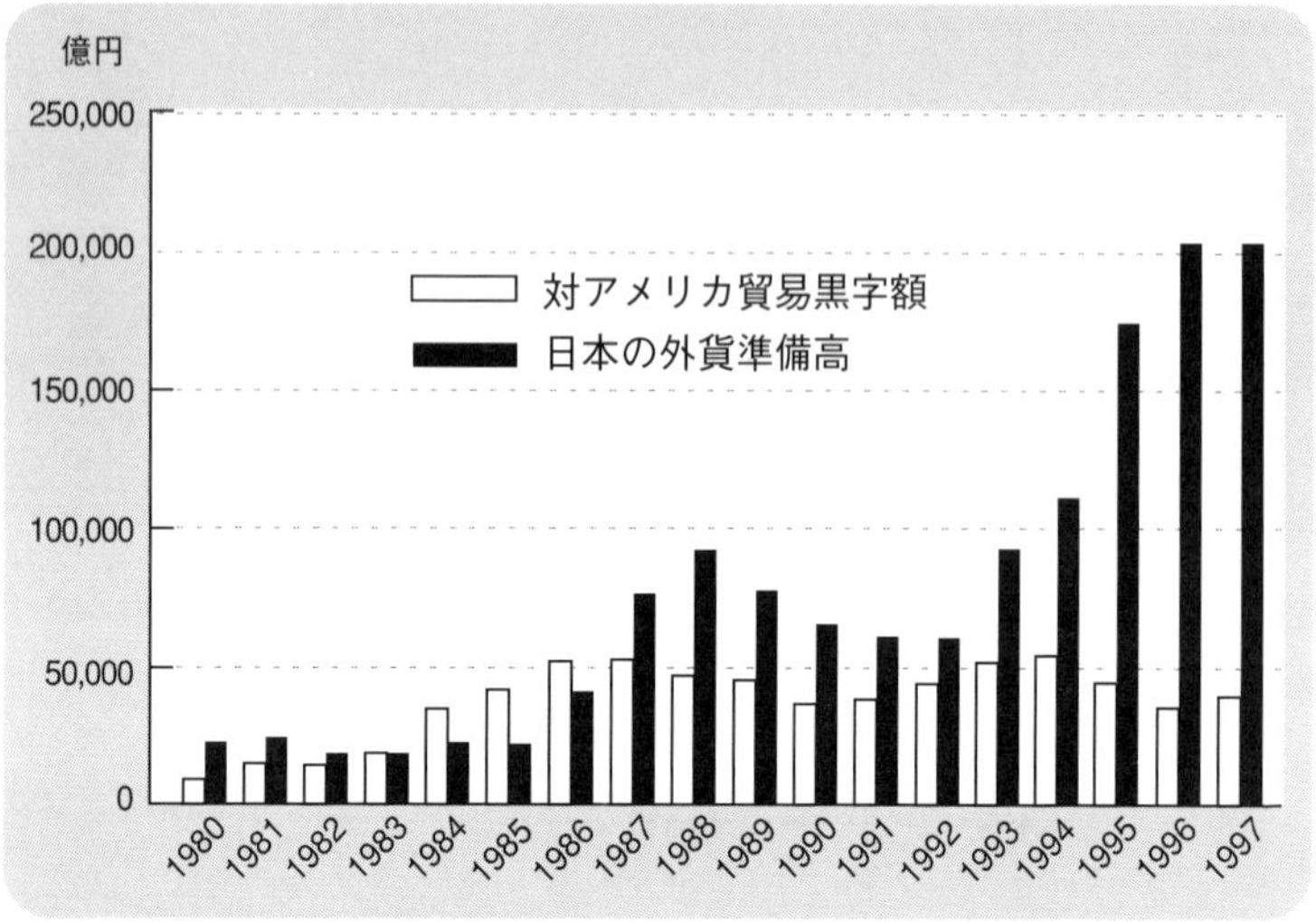

間接的にアメリカの軍事費となり、イラクの人々の頭の上にミサイルを届けていることになるのだ。

軍事の民間委託

このアメリカの軍事費の使われ方は、ますます不透明さを増している。たとえば、民間企業との不明瞭な関係がある。民間軍事請負業者（ＰＭＣ＝Private Military Contractors）と呼ばれる、軍事の民間委託の仕組みだ。[26] 戦争にも掟がある。たとえば、04年に起こったアブグレイブ刑務所での「イラク人捕虜虐待事件」などは、軍人が手を下せば軍法裁判によって直接裁かれる。事実、虐待の写真に写っていた米軍の女性兵士は裁判にかけられた。しかし捕虜虐待は、その多くが裁判にもかけられることのない民間企業の請負人たちによって行われるのだ。民間企業の傭兵たちは、兵士ではないから軍法が適用されない。しかもその企業の多くがアメリカ資本でありながら、アメリカ国内に本社を置いていないからアメリカ国内法も適用されない。こうした軍法にも国内法にも縛られない無法地帯の「私兵・傭兵」による犯罪行為によって、戦争はさらに残虐なものになる。イラクに傭兵を派遣している民間企業の中には、ボスニアで女性を誘拐・売買した犯罪企業すらある。こうした民間の軍事請負業者が現在、アフリカの国家間や民族間の戦争や紛争に、軍事顧問を派遣したり、傭兵を送り込んだりして暗躍している。

民間軍事請負業者の存在自体が問題だが、その仕組みはひどいものだ。元請け企業のハリバートン社（石油掘削機の販売会社。副大統領チェイニーが元会長）、ベクテル社（戦災復興事業でボロ儲けをする世界最大のゼネコン）といった企業が、中小の民間軍事請負業者に下請けさせる見返りに20％をピンハネし、さらに下請けの企業に警備費用を負担させることで25％ピンハネする。つまり下請け企業の受ける金額の半額近くが、アメリカの政商企業にピンハネされているのだ。(27)

軍事は投資とも連動する。アメリカには彗星のごとく急激に拡大する企業がときどきある。その一つにカーライルという投資会社がある。この会社は20年前には存在しなかった会社だ。カーライルは投資会社だが、その収益の多くを軍需産業への投資から作り出した。つまり「安い時点で軍需産業関連企業の株を買い、高くなったら売り払って利益を得る」という方法や、「株価の安い兵器製造メーカーを買い取って、部門ごとに解体して高く売れる部分だけを他の企業に売って儲ける」という方法でのし上がってきた。(28)

軍需産業には他に見られない大きな特徴がある。兵器を買う客には一般人はおらず、すべての顧客が国家だという特徴だ。「兵器の仲買人」(＝「死の商人」)が仲介するとしても、購入を決定するのは、国家を代表する意志決定者だ。その意志決定者に取り入ることができれば究極の「インサイダー取引」(内部者取引)が可能になる。インサイダー取引とは企業の情報に接する立場にある会社役員などが、その立場を利用して会社の重要な内部情報を知り、情報が公表される前にこの会社の株を売買することを言うが、そんな取引が許されると一般の投資家との間に不公平が生じるため、法律で禁止されている。

軍需産業ではインサイダー取引が簡単に実現する。要は元大統領や元国務長官といった国家の重鎮を会社の顧問に迎えておけばよいのだ。その顧問が自国・他国に軍事物資を売り込むのと同時に、その調達先の企業の株を買っておけばいい。ばかげた話と思うだろうが、実際の話なのだ。元アメリカ大統領・米中央情報局(CIA)長官で現大統領の父親である〝パパブッシュ〟は、2004年10月まで投資会社カーライルの顧問だった。(29)その時期にカーライルは紙くず同然といわれた「ユナイテッド・ディフェンス社」の株を購入している。ユナイテッド・ディフェンス社は「クルセイダー」という名前の、大きすぎて運べない「冷戦時代の遺物」とまで酷評された巨大な大砲を作り、社運が傾きかけていたのだ。しかしこの会社に、ブッシュ

Jr.大統領は「クルセイダー」を発注し、その結果、株価はうなぎのぼりに上がった。当然、カーライルは安く買った株を高値で売って巨額の利益を得た。[30] 内輪でしか話ができないと揶揄されるブッシュJr.だが、「華氏911」という映画の中で、人前で講演している映像が流れる。その講演会は、このユナイテッド・ディフェンス社でされているのだ。やはり大統領の内輪(インサイダー)の取引ではないか。

こうした批判をカーライル社は気にして、日本語ホームページまで作って弁解に努めている。「パパブッシュは顧問を辞めた」とか、「軍需産業への投資は全体の3%程度だ」とかの言い訳を載せている。[31] しかしユナイテッド・ディフェンス社の株取引は取り消された訳ではないし、投資家としてパパブッシュも健全なはずだ。そしてビン・ラディン一族さえもカーライル社のお得意様だ。

カーライル社の軍需産業への投資は3%しかないと言うが、本当だろうか。アメリカの軍事調達企業トップ100社の第15位(03年度)に、軍需産業としてカーライル社の名前が登場している。[32] カーライルは投資会社であるのだから、他の軍需産業の株も購入しているはずなのにわずか3%で収まるのだろうか。

実はアメリカの巨大政商企業の多くは、株式を公開していない。一般株主が存在しないのだから、経営情報を公開する義務がない。穀物メジャーのカーギル社、世界最大のゼネコンのベクテル社などもそうだ。カーライルがこのような言い逃れができるのも、株式を公開しない非民主的な企業だからだろう。

こうして戦争・軍事支出を利益に変換する仕組みが出来上がる。あとは戦争がいいタイミングで、絶え間なく起こってくれることである。

軍事の犠牲になる教育・福祉

こうした軍需企業とその裾野に広がる民間企業は、アメリカの国家支出の大きな部分を飲み込んでいる。よく日本の公共事業を批判する時、その引き合いに「アメリカはダムを止めた。さすがに公共事業に対する反対運動に歴史がある」と言われるが、冗談ではない。アメリカの公共事業は戦争なのだ。国民の20人に1人が常に軍需産業関連に雇われている。軍需に日本の実質国家予算以上の資金が投入され、石油企業の重役を兼ねる重役たちが軍需企業を支配する。この国家予算の異常な軍需産業への投入が、アメリカの道路を穴だらけにし、公立学校を閉鎖・併合させ、図書館を新しい本が入らない倉庫にした[33]。

これら軍需企業への優遇は歴史的なものかもしれない。建国以来アメリカは、人々の明るさ、フランクさとは裏腹に、殺戮の歴史の影に怯えるように防衛を増強させてきた。加害者はアメリカ自身であるのに、まるで被害者のように防衛を叫ぶのだ。以前からアメリカでは「軍事への批判」だけはタブー視されていたが、9・11事件以降その傾向は人権を奪うほどに極端なものになった。世界の警察官を自任するアメリカがこのまま増大していくなら、各国の軍事増強が触発され、「公共事業として自己目的化するブラックホール」となり、世界中を飲み込んでしまうことだろう。

確かに日本の公共事業は褒められたものではないが、それでも税金で人殺しの道具を買い上げ、自国の貧しい若者たちから順に戦場に送り込んで他国の人々を殺し、環境・資源、エネルギーと人命を浪費して金儲けをするアメリカほどひどいものではない。アメリカでは戦争のために教育・医療・福祉予算が削られ、今や乳幼児死亡率でキューバを上回り、大都市にはホームレスが溢れている。

しかしそれでも日本のハイテク産業や重厚長大産業から見ると、こうした「アメリカの公共事業」はとても魅力的なビジネス対象で、「武器輸出三原則」をなくさせてでも参入したい儲け口に見えるようだ。[34]

3つの方向性

戦争の原因が「エネ・カネ・軍需」にあるというのは、以上が理由だ。これが戦争の原因物質（イニシエーター）だとしたら、戦争から得られる利益を無効化しない限り、世界の紛争・戦争は続くことになる。紛争・戦争には冷徹なビジネスと利潤の世界が横たわっている。よく言われる「心の平和」というような感傷・感情論が通用する舞台ではない。そもそも世界を相手に巨大ビジネスを遂行する人たちは、不信心で不道徳な狭隘な人間性の持ち主なのだろうか。

実際はむしろ逆だ。学歴もあり、教養もあり、信心深く、時として芸術的才能さえあるのだ。家庭に戻ればいい父であり母である。

しかし、ビジネスの世界での人格は別なのだ。どう言ったら分かってもらえるだろうか。ちょうど「ゲームでなら敵を倒すことに心の痛みを感じない」のと同じかも知れない。権謀術数を巡らせて敵を攪乱し、足蹴にして倒すことがルールになっているのがビジネスの世界だ。その世界では倒した相手の行く末まで考えるのは馬鹿げている。世界的な規模でシェアを奪い合う闘いを繰り広げる企業の経営陣は、倒産したライバル会社の社員が自殺しようが、儲け先で人が死のうが気にしていられない。そんなことを考えていたら自分の会社が足蹴にされて敗北する。会社内での評価の低下と自社株価の急落は、そのまま自分と家族を路頭に迷わせる。良き父としては到底受け入れられない。このビジネスゲームの仕組みの下では、個人の心がどうあろうと、「部品」であることに変わりないのだ。だから社会の構成員が個人としてどれほど善良だろうが、この仕組みのままでは「善良な殺人者」を生むだけなのだ。本当の父の手は血に染まっている。父だけではない。家にある貯金通帳も人々の血に染まっている。暖を取ろうとする灯油も、灯りを灯そうとする電気も血に染まっている。

その「エネ・カネ・軍需」を支えているのは残念ながら私たちのおカネであり、生活であり、エネルギーなのだ。「だからあきらめよう」ではない。別な仕組みに変えなければならないのだ。それは不可能なことではない。別な仕組みに社会を変えていく運動には3つの方向性がある（図

図⑫　運動の３つの方向性

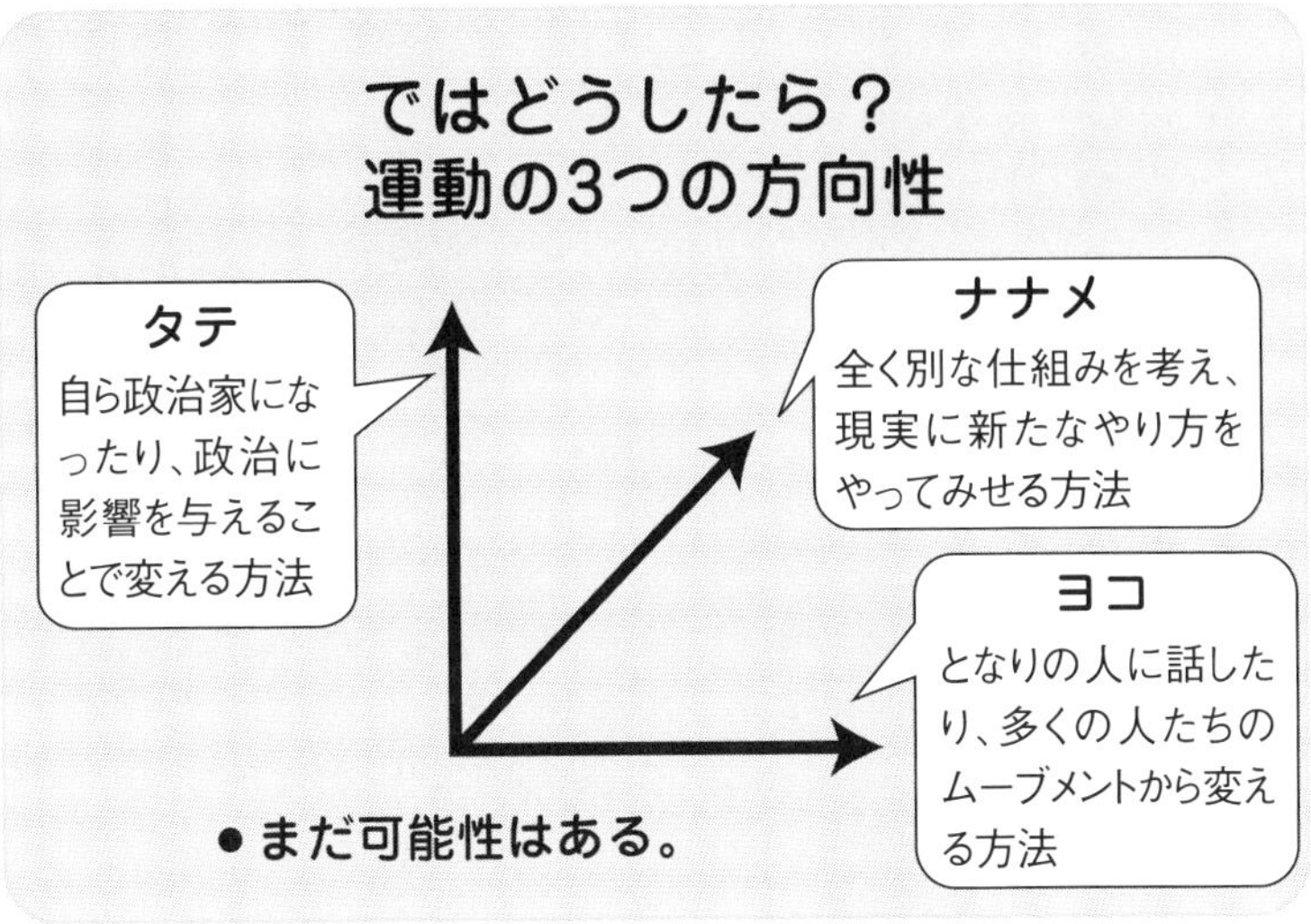

⑫）。

一つはタテのイメージ。政府に働きかけるなり自ら政治家になるなりして、上から下へ、下から上へと働きかける方向だ。

二つ目はヨコのイメージ。隣の人に話すなり、街角でムーブメントを起こすなりして、多くの人との連帯を作り出す方向だ。

しかし三つ目がある。それはナナメのイメージ。政府に働きかけても効果がなく、ヨコの人たちに働きかけても反応を示してもらえないときに、自分たちでまったく新たな別の仕組みを考えて、実際にやってみせる方向だ。

このナナメの運動が、日本では少なかったように思う。政府に働きかけるなり、ムーブメントを起こすなりはしてきた。しかしそれに成功しないときに手詰まりになって、敗北感に打ちのめされてこなかったか。しかし、もう一つの方向性が残されていたのだ。自分たちで別な仕組みを作って実行していく方法、別な言葉で言うなら「オルタナティブ」だ。この三つ目のオルタナティブを実行していくことを考えたいのだ。

第2章
地球温暖化の問題

世界からみた現実

ぼくはピースボートの水先案内人として、部分的にだが10年以上も船に乗せてもらっている。その関係で、幸いにも世界中をめぐる経験をさせてもらった。この原稿を書いている今もタヒチのホテルにいる。それぞれの地域で起きていることは一つひとつはあまり大きなことではないが、各地域で起きていることを見渡して合計してみると、世界は大きなうねりの中に呑まれていることが分かる。

アラスカでは氷河の後退が著しい。数年前まで海に迫り出ていた氷河がいつの間にか後退して、山の中腹に残雪のような姿をさらす（図①）。氷河が後退した地表はすぐに緑色のコケに覆われるが、コケのついていない山肌はごく最近後退した場所であることを教えている。同じことは南米チリのパタゴニアでも起きていた。つい数年前に発行されたパンフレットにあった氷河が失われている。また、熱帯直下で万年雪があるタンザニアのキリマンジャロの雪は、かす

図①　すっかり後退したアラスカの氷河

かにしか見えなくなっている。

カナダとカリフォルニアの森林では毎年山火事が起こるようになり、毎年数十、数百億ドルの財産が焼失している。現地で原因を聞くと、意外なことに、原因は小さな甲虫「キクイムシ」だという。キクイムシが木を食べて枯らしてしまう。キクイムシの卵はマイナス20℃を超えると破裂して死ぬため、厳冬下では越冬できる卵の数が限られていたのだが、冬の気温が高くなって越冬できる卵が多くなり、春先孵化したキクイムシが森を食べてしまうようになったのだという。確かに森に入ってみると、雨の少ない乾いた気候に加えて、ぽつぽつと枯れた木々がある。これが薪のようになって燃え広

図②　南太平洋サモアの海岸の浸食

がるのだ。

南太平洋のサモアでは、現地の人が指差した海岸線に2メートルほどの断崖があった。そこは1994年のハリケーンによって削り取られたのだ（図②）。

かつて80メートル先までなだらかに続いていた浜は、そこに建っていた家ごと削り取られてしまった。現地の人たちはぐり石を並べて浸食を止めようとしているが、そんなことで止まるはずもない。一方、この浸食には別な原因もある。建築需要のために浜の砂の採取が著しく、そのために海岸浸食が続くのだ。しかし一方で、浜の砂を供給しているサンゴが死滅している。わずかな水温変化にも弱いといわれるサンゴだが、なるほど海に潜ってみると極彩色をしているものは稀で、ほとんどのサンゴは死んで白化してしまっている。日本の海浜の砂は川から供給されて来るが、熱帯の海の砂を供給するのはサンゴの死骸だ。このままでは砂の供給が断たれて、海水面が上がらなくても人々は住む場所を失ってしまうだろう。

２００４年末のスマトラ沖地震による津波で被害を受けたモルジブは、標高の低いサンゴ礁で形作られた島が集まっている。飛行場から船で本島に移ると、飛行機が海に着陸しているように見える。小さな島々には伝統的な暮らしをする人たちもたくさんいるが、近年海水をかぶることが多くなり、畑が塩害に遭って作物が穫れなくなったと言う。今回の津波では、島の半分が水没したそうだ。

ぼくは行ったことはないが南太平洋の島、ツバルもまた水没の危機から移住を決めた小島だ。アメリカ領ベーリング海峡の小島シシュマレフは、冬場の海の凍結がなくなり、打ち寄せる冬の荒波によって島が溶かされている。ここもまた全員が移住を余儀なくされている。

マレーシアのサラワク州では、森林の伐採が進んでからというもの、降水量が少なくなったという。ここでも山火事が頻繁に起こっている。ここではエルニーニョ現象の年に雨が減る。赤道近くの海では、海水温度の高い場所から水蒸気が上がって雨が降り、その風が降りてくる地域に乾いた風をもたらす。通常はペルー側が乾いた気候で、マレーシア側に雨が降るが、エルニーニョの年には逆転するのだ。太平洋をはさんでマレーシア側で降っていた雨が、ペルー側

図③　地球温暖化によって想定されている海水面の上昇

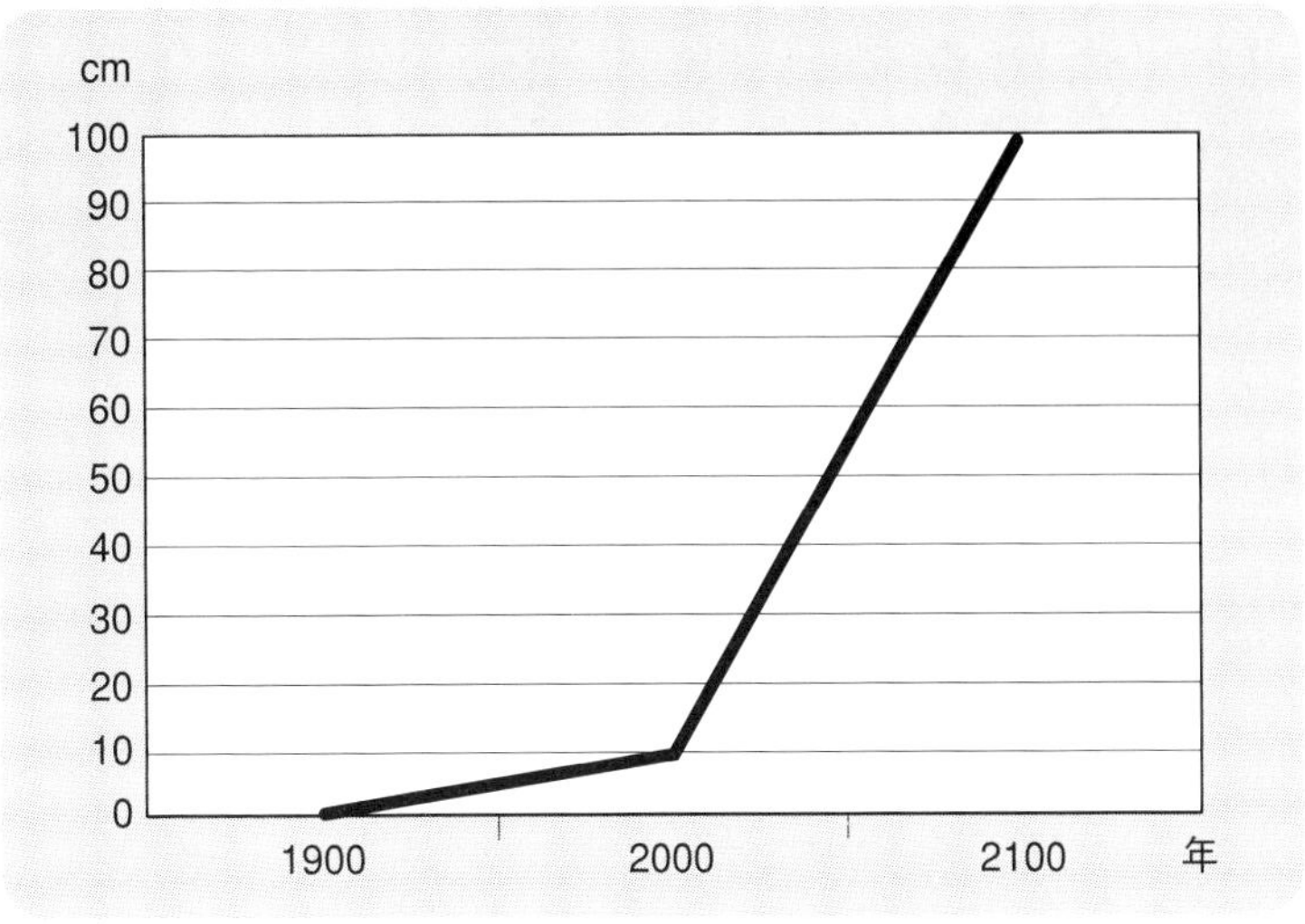

のガラパゴス諸島周辺に移る、太平洋をはさんだシーソーゲームのようなものだ。

確かにエルニーニョ現象の発生は、彼らの言うように森林伐採が進んでから頻度が増し、被害も大きくなった。熱帯の木々は、極端なパラドックスの中に生きている。熱帯の強烈な光を奪い合うと同時に、焼かれないために膨大な水を地下から吸い上げて、葉から蒸散させることで自らの熱を冷ますのだ。森は海面に比べて表面積がはるかに大きいので、蒸散させる水量も大きい。熱帯雨林が伐採されることで森からの上昇気流が減れば、相対的に上昇気流が弱くなるのかも知れない。

「こんなことは初めてだ」「こんなことがなぜ起こるのか?!」。世界中で聴く嘆きの言葉だ。その言葉の向こう側に地球温暖化は確実にあると感じる。地球温暖化によって想定されている海水面の上昇を、グラフに描くと（図③）のようになる。つまり、これまで起きたことの延長ではない現実がやって来るのだ。原因は石油などの化石燃料だ。「エネルギーセキュリティー」という言葉によって軍事行動が正当化されたり、原子力発電が正当化されたりするが、現在の地球上すべての人の安全（セキュリティー）を危うくしているのが化石エネルギーなのだ。もし人々が本当のセキュリティーを望むなら、化石エネルギーから脱却することを目指さなければ意味がないだろう。

脱原発、脱石油

中国の需要が全世界の石油供給量を逼迫させていることはすでに述べたが、中国の経済成長の影響はそれだけにとどまらない。世界の石炭の消費量を上げているのもまた中国なのだ。石炭は非常に厄介なエネルギー資源だ。二酸化炭素の排出量が石油より3割多いだけでなく、公害のデパートと呼ばれるほど有害物質の含有が多い。公害源の一つである硫黄酸化物を除去するための装置は、発電出力を下げると触媒の効率が悪くなるため、電力が余る夜間でも弱火にして運転することができない。不自由にも常に強火で運転しなければならないから、別途、出力調整用の発電所が必要になるのだ。

しかし石炭が何より厄介なのは、その確認埋蔵量の多さだ。よく石油はあと30年と言われるが、今後多く使われるであろうリグナイト（硫黄分の多い褐炭）を含めて言えば、石炭はあと

1500年分はある。[35] だがこの先千年以上にわたって、人類が二酸化炭素を膨大に排出することの石炭を使い続ければ、石炭の枯渇より先に人間の方が地球温暖化の影響によって存在できなくなるだろう。ここから考えると別な結論が見えてくる。「人間は自らの意思で化石燃料を使わなくなる以外に、救いようがない」ということだ。しかし不幸にも、世界の石炭の確認埋蔵量の半分以上が、地球温暖化に懐疑的なロシア、温暖化を否定するアメリカ、エネルギーの爆発的な需要に直面する中国にある。[36]

一方で、日本は相変わらず、原発で地球温暖化を防ぐというシナリオを捨てていない。温暖化を防ぐ気のないブッシュも、この選択に賛同しているが、原発には大きな問題点がある。日本に原発ができたとき、保険を依頼された日本の保険会社は、再保険（保険会社が別の社に保険を掛けること）をイギリスのロイズ社に依頼した。しかしこの世界最大の保険会社に断わられている。[37] 地震国に原発を建てること自体がまったく非常識で、地震を含めた保険加入は不可能だったのだ。そのため日本の原発保険は、今に至るまで地震を免責したままだ。つまり地震による原発被害に保険は支払われない。今予想されている東海大地震の震源地の真上には、老朽化した浜岡原発が稼働し続けている。しかも阪神淡路大震災、新潟県中越大地震、スマトラ沖大地震（2005年3月29日に再度起きている）と、予測されている揺れをはるかに超える地震が次々起こっており、地球の地殻自体が地震発生期に入ったと目されている。気が重くて何もしたくなくなる。

不意の事故以外にも、原発には毎日放出する微量の放射能の問題がある。アメリカではたくさんの原発が運転を終了し、すでに廃止されている。その原発の廃止前と後で、「周囲40マイル（64㎞）以内の子どもたちの死亡率がどう変化したか」を調べたデータがある（図④・図⑤）[38]。その結果、0〜1歳の子どもでは、原発の影響を受けない地域の子どもが1986年と2000年を比べると5・6％死亡率が減っていたのに対して、原発が止まった地域では9エリアの平均で17・3％も死亡率が減っている。1〜5歳の小児ガンでも同様で、全米平均で0・3％小児ガンが増えているのに対して、原発が止まった6エリアでは逆に、平均23・9％も減っている。つまり原発が動いている間中、死ななくていい子どもが死んでいたのだ。

この因果関係の説明は特別むずかしい話ではない。放射線の影響は外から浴びるより、体内に食べ物などから取り込んだときの方が、被害が大きくなることがわかっている。放射線の影響被害は「距離の二乗に反比例する」から、1メートルの距離からの影響を1とすると、体内の細胞表面から0・1ミリのところにある放射性物質による被曝の影響は1億倍になる。また食べ物として人体に入るときは、放射能が生物濃縮されているため、環境中の濃度より数千、数万倍の濃度となっている。しかも放射能の影響は、細胞が未分化の成長段階の子ども、胎児へと低年齢化するにつれ影響は10倍、百倍と高くなっていく。元の細胞が傷つけられれば、それをコピーした細胞も傷を負ったものになる。そのことの結果として、ほんのわずかな量でしかない原発施設からの放射能漏れが、周囲の子どもたちの死亡率の増加として表れるほどの被害

図④　原子炉閉鎖後、風下40マイル以内の１歳以下の死亡率の減少（％）文献：38

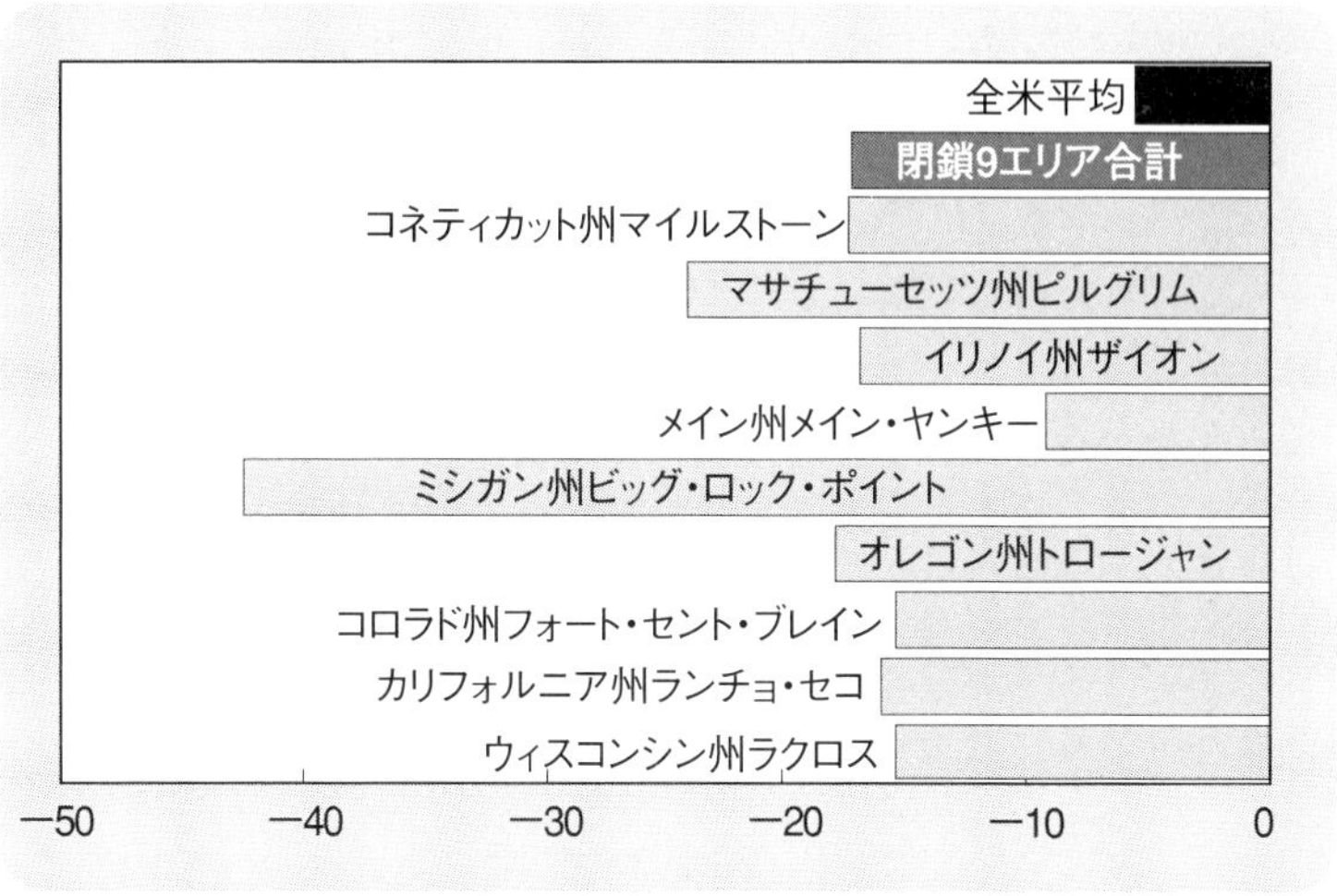

図⑤　原子炉閉鎖後、周囲40マイル以内の１～５歳の小児ガン減少率（％）文献：38

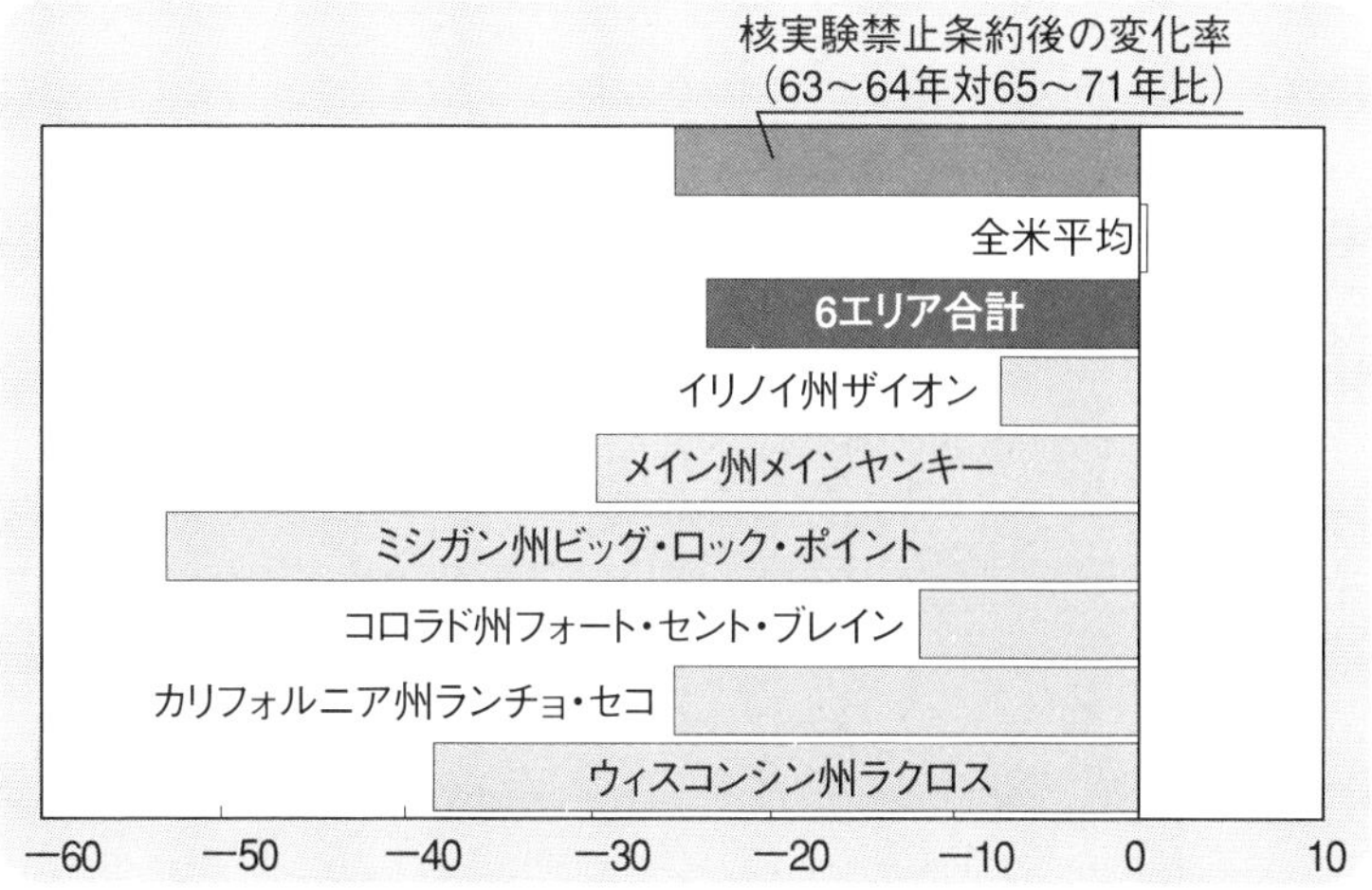

図⑥　日本の乳児死亡率と死産率（文献：40）

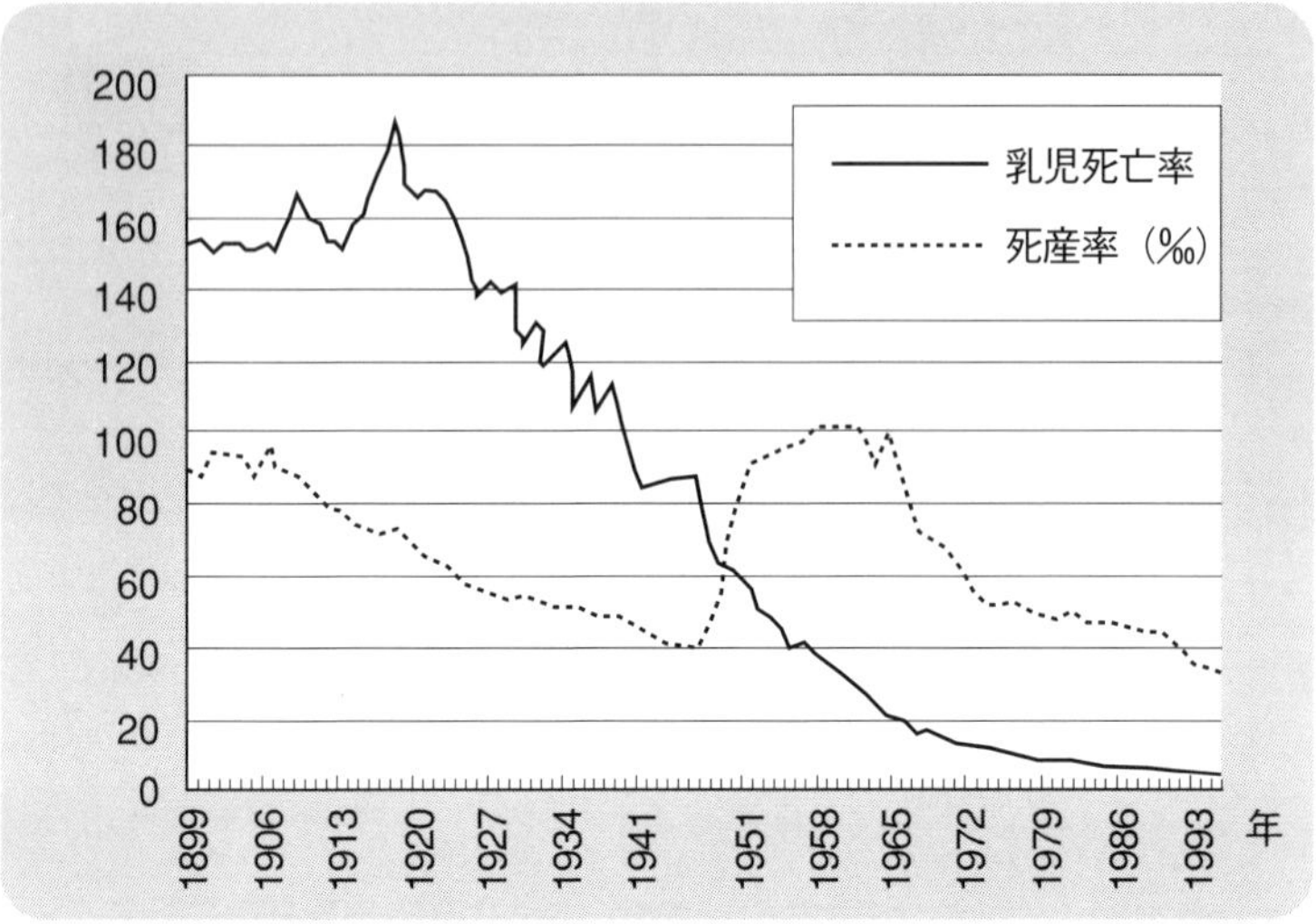

をもたらしているのだ。

日本では残念ながら、放射能の影響を受けていない対象群を見出すのがむずかしい。アメリカでは乳がんの影響を調査するために、原発から周囲半径１００マイル（１６０㎞）をグラフにしている例[39]があるが、日本で１００マイルの円を描くと、すべての地域が入ってしまうのだ。

日本で放射能の影響と推定できるデータを見つけられないか、考えていく中から探し当てたのが核実験の影響だ。日本では近年、栄養の改善などから、乳幼児の死亡率は一貫して低下の一途をたどっている。しかし同じ時期に、死産率だけは別な曲線を示していたのだ（図⑥）[40]。１９４７年ごろを境に、死産率が再び上昇し始め、65年に再度のピークを見せた後に急激に減少している。この時期に何があったか。言うまでもなく大気圏核実験だ。最後の65年のピークは何なのか。これは中国での大気圏核実験の影響で、東京でも高濃度の放射能雨が検出された時期に当たる。[41]日本からは遠いアメリカ・旧ソ連・太平洋の核実験の影響よりも、近い上に偏西風によって運ばれる中国の核実験の影響の方が、はるかに大きかったのだ。その結果、日本で多くの生まれることのできなかった子どもたちの被害があった。このような被害をもたらす原子力の利用は、軍事・非軍事を問わず人間と共存できないものだと思う。

経済合理性から原発はもう造れない

もし日本の政府要人と電力会社の経営者が、合理的な経営センスを持っているものならば、今後の日本に原発が増設されることを心配する必要はない。合理的な経営センスを持つ者なら、誰一人として今後の日本で原発を選択しないだろう。というのは日本では少子高齢化の進展のために、今後の電力需要の伸びは期待できないからだ。政府の予測する人口グラフを紹介しよう(図⑦)。[42]そこには人口が「高位・中位・低位」と、どれぐらい増えるか予測したグラフが描かれている。現実は常に「低位」を下回る状況で推移しているので、この低位を取って間違いはない。

政府は、「電力需要は人口に比例する」と言ってきた。その人口が減少するのだから電力需要は減っていく。そして原発は着工から完成までにかかる時間、リードタイムが25〜30年間ほど

図⑦　日本の人口動態予想と原発（文献：42）

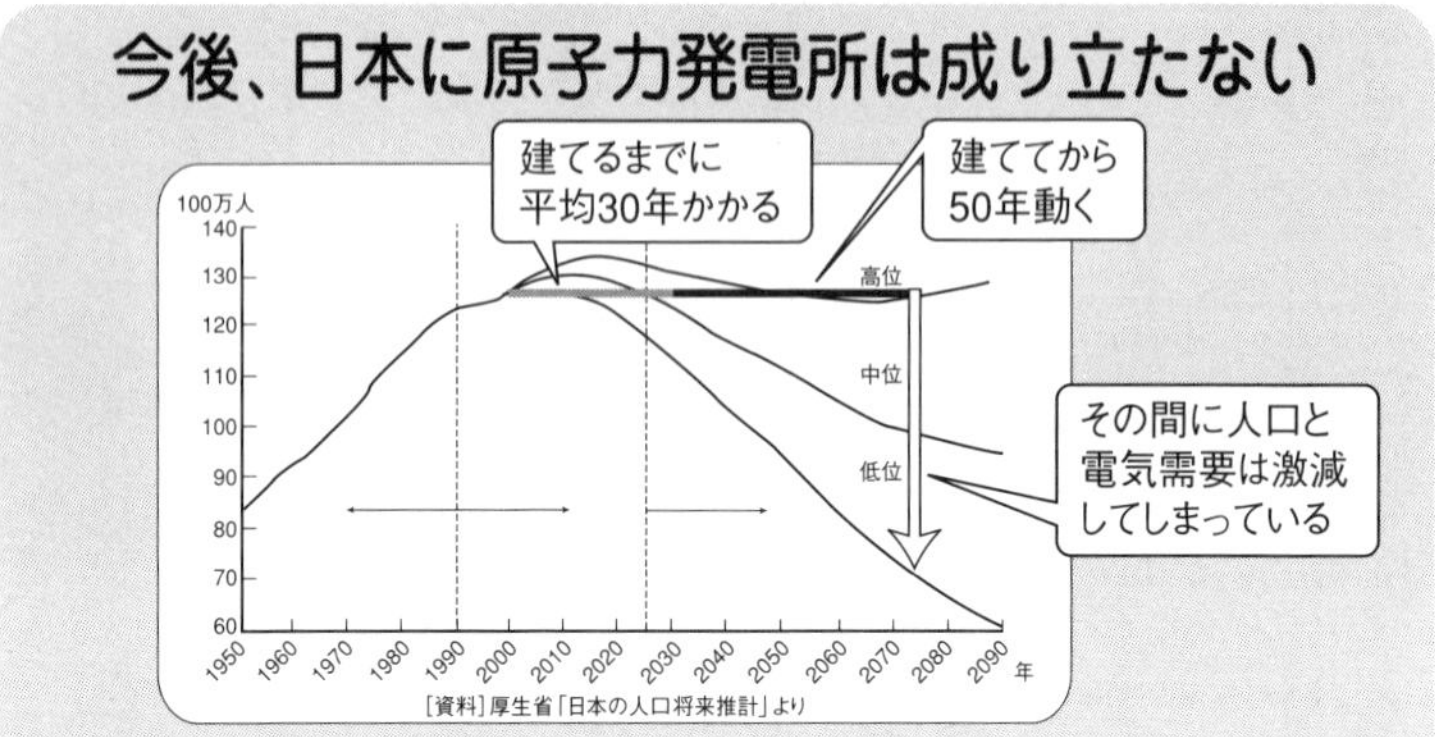

［資料］厚生省「日本の人口将来推計」より

- 電力需要は人口の伸びに比例する。
- しかし人口は今後100年で半減する。
- 原発は完成までのリードタイムが25〜30年、建ててから利用する年数が約50年。
- 原発は需要に合わせて弱火にすることができない。

ある。しかも政府の方針では原発を50年も動かすというのだから、２００５年の今、計画がスタートした原発は、２０３５年頃に発電し始め、２０８５年まで動かすことになる。しかし人口減少と比例して落ちる電力需要は、その頃には実に半分まで落ち込んでいるのだ。しかも悪いことに、原発は需要に合わせて弱火で運転することができない。出力を上下させると不安定になって爆発する危険性を持つからだ。そのため原発は運転を始めたら、止めるまでずっと１００％の出力で動かし続けるのだ。電力需要が半分になった上に、日中と夜中とで４割も下がる電力需要に、原発は対応できないのだ。

　それでも電力会社の電力独占体制が続くのなら、揚水発電などのバッテリー施設を

図⑧　日本における京都議定書の対象となっている温室効果ガス別の排出（2001年）文献：44

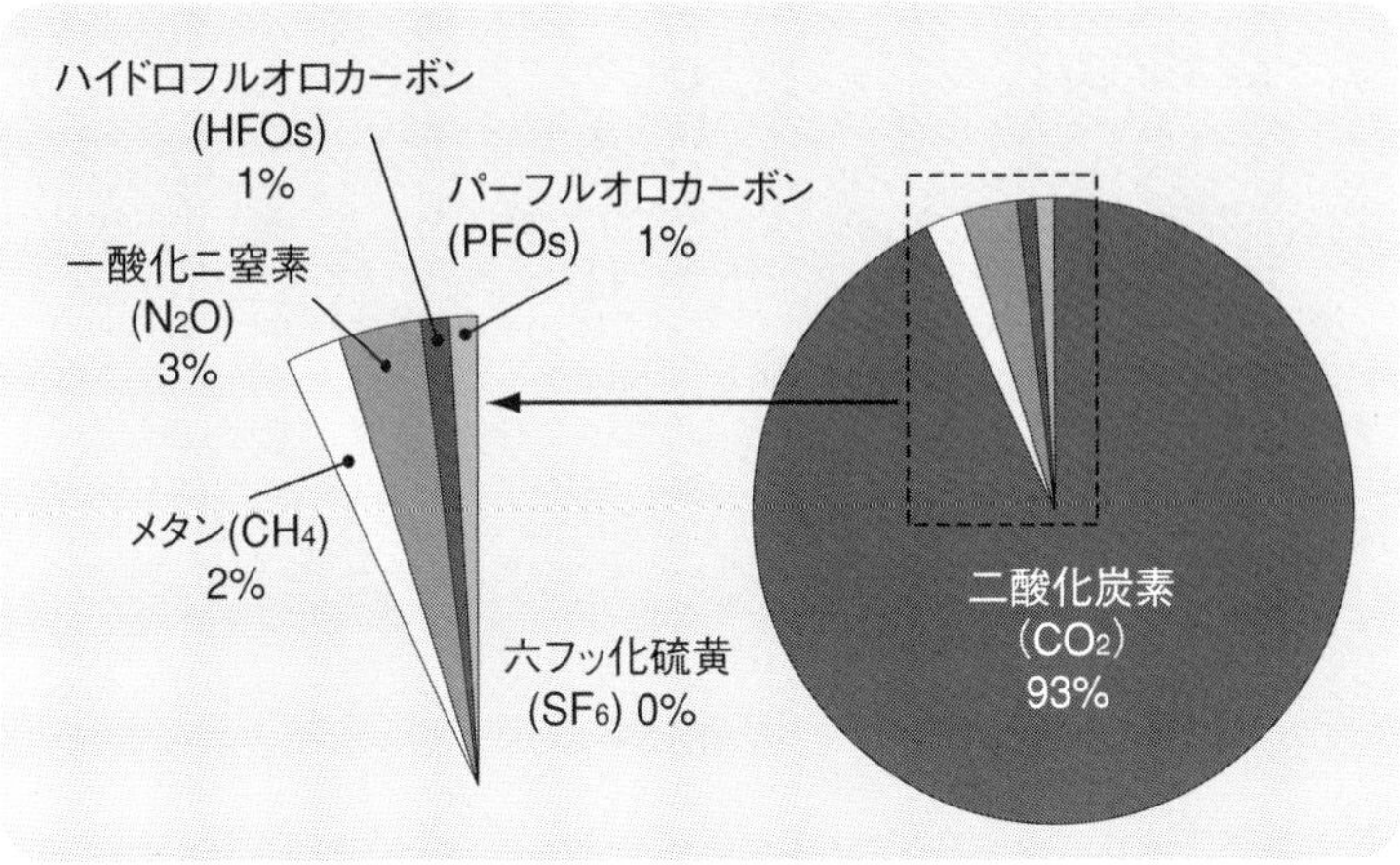

造って電力需要のギャップを埋め合わせることもできるだろう[43]が、残念ながら電力の独占体制は崩壊しつつあり、企業の自家発電充実と独立電気事業者の拡大は止められる状況にない。だから経済合理的な観点から電源開発を判断すれば、今後原発を造るという方針は出てこない。

温暖化防止に「ライフスタイル論」は役立つか

現在の時点で、地球温暖化にもっとも大きく影響しているのは二酸化炭素の排出である（図⑧）[44]。しかし日本全体で排出される二酸化炭素を細かく分析していくと、集中した排出源が見えてくる。実は排出される二酸化炭素の約半分が、たった２００事業所（２００カ所といってもよい）から出されたものだ。２００

企業ですらない。

この「200事業所」というデータは、温暖化防止を求めるNGO「気候ネットワーク」が国会議員を通じて情報公開させた「省エネ法」の届出データを分析したものである[45]。届出データだけをみると電気の消費先に振り分ける前の、電力会社の石炭火力発電所ばかりが二酸化炭素排出源として上位を占めている。しかし実は、積極的に二酸化炭素の排出量を開示しなかった石油連盟加盟各社（非開示54％）、日本化学工業協会加盟各社（同50％）、日本鉄鋼連盟加盟各社（同43％）のために、まじめに公開した電力会社が目立ってしまっただけのことなのだ。これら3つの業界の排出量から推定してみると、わずか200事業所からの二酸化炭素排出が、日本全体の排出量の半分を占めることになる。

一方、家庭からの二酸化炭素の排出量は、環境省のデータによれば全体の8分の1（13％）に過ぎない（図⑨）[46]。もちろんこの中には、発電による排出量も振り分けられている。では、よく言われる「家庭は3分の1を排出しているのだから、ライフスタイルを……」という数字的な根拠はどこにあるのか。「8分の1」と「3分の1」とでは大きな違いだ。実は環境省が、家庭を民生需要から分離して表示するようになったのはごく最近のことで、それまでは家庭以外の「病院、コンビニ、オフィス、デパート」までを「民生用」として公表していたのだ。その内訳は家庭以外の民生部分が16％、家庭が13％だった。合わせると29％で3分の1とされてきた。「民生用」が、家庭からの排出量と誤解されたために、あたかも3分の1の排出が家庭によるも

図⑨　日本の部門別二酸化炭素排出量とその割合（2001年）文献：46

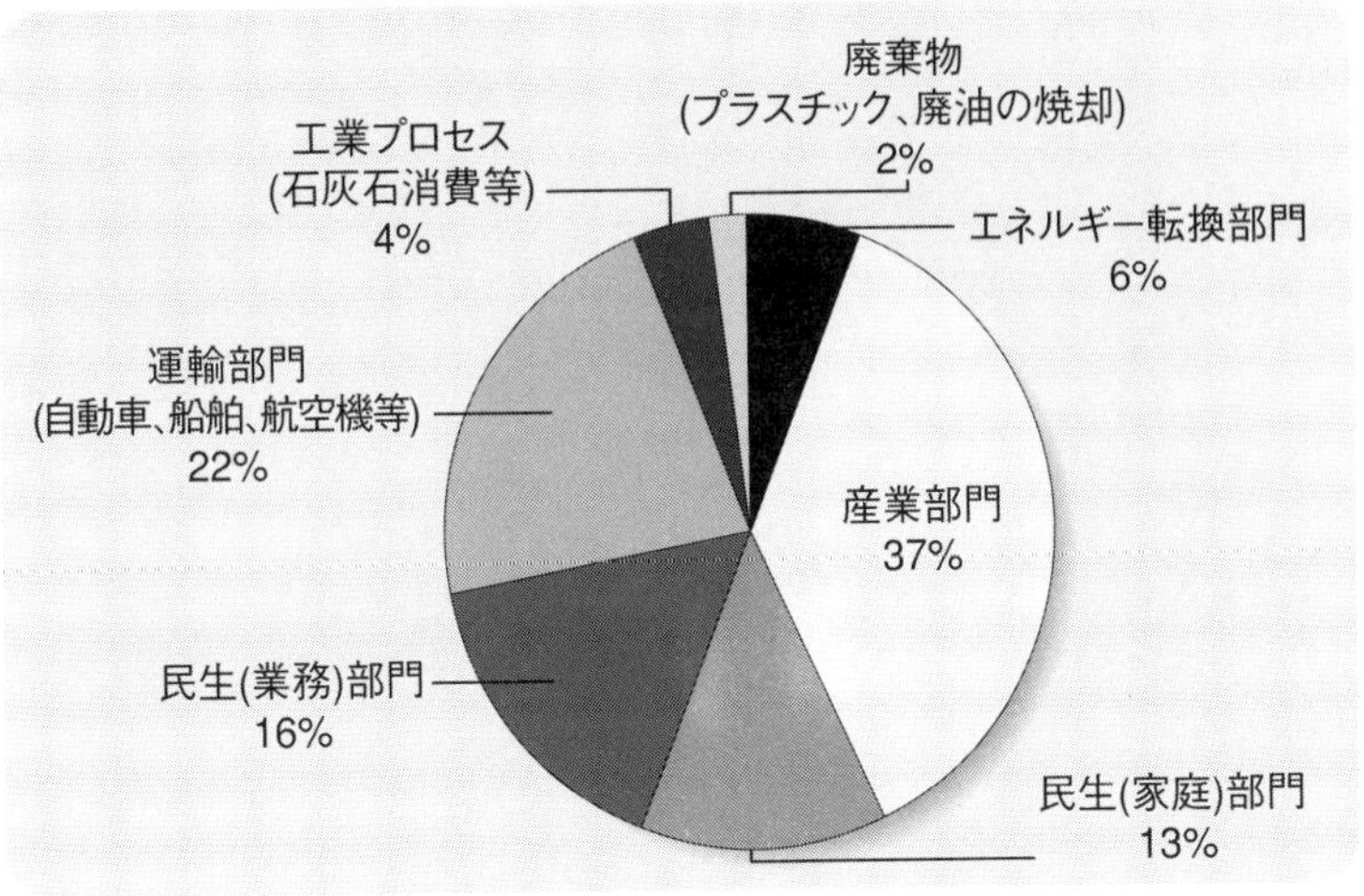

ので、「ライフスタイル」さえ改善すれば解決するかのような誤った説明がくり広げられてきたのだ。

　別な言い方をすれば、「8分の1が家庭の責任」、「8分の7が家庭以外の事業所の責任」となる。そう説明する必要があるだろう。なぜなら、政府は「地球温暖化防止大綱」[47]の中で、あたかも地球温暖化が家庭の責任であるかのように「一日一分シャワーの時間を減らせ」「家族は一部屋に集まって同じテレビを全員で見ろ」というような、実現困難で意味の乏しい「個人の心掛け」ばかりを並べて、やる気をなくさせているからだ。まるであきらめさせるようだ。残念ながらそれでは地球温暖化は防げない。考えればすぐわかるように、たとえ家庭がまったく排出しなかったとしても、全体の8分の7は残るのだ。しかし

200の事業所が、トップランナーにならって平均10％効率を上げるだけで、日本全体の排出量は5％も減らすことができる。診断を誤ったままでは、いくら治療しても治せない。

しかし誠実で使命感に強く、勘違いしてしまった人々は、家庭のリサイクルや節水で温暖化を防げると精一杯努力する。しかも悪いことに、自分よりできていない人を攻撃してしまうことが往々にしてある。これが市民の間に溝を作り、意味のない争いを生んでしまっている。

だが、企業の排出が87％と圧倒的なら簡単に解決策が浮かぶ。企業はコストに敏感なのだから、環境税と呼ばれる二酸化炭素税をかけることで、省エネの競争を促すことができるのだ。同じ生産物を作るために、二酸化炭素をより節約した企業や、自然エネルギーを導入した企業の税が節約されて利益を得るなら、歓迎すべきことではないか。海外との競争力を気にするなら輸出時点の水際で、炭素税を戻せばいい。現に、ヨーロッパ諸国はすでに、炭素税を導入しているのだ。しかし日本経団連・環境問題担当の新日本製鉄会長は、「国民経済に大きな影響を与える環境税には反対だ」と主張する。国民の一人として思うのだが、「国民経済に大きな影響を与える」のは地球温暖化の側ではないか。(48)

誤解を避けるために言うと、「ライフスタイル論」が間違っているわけではない。沢山食らい、沢山消費し、沢山破壊するライフスタイルが良いわけはない。自然と共生したスローなライフスタイルが良いことは、言うまでもない。しかしぼくは、そのライフスタイルを実現するための「努力・忍耐」は、ジョーカーだと思っているのだ。「最後の切り札」を最初に出してしまえば手詰まりになる。人々を追い詰める前にできることがあるのだからそちらから進めて、最後にジョーカーを使うべきだと思うのだ。

「乾いた雑巾を絞る」？

日本の企業は「省エネ努力」を言われるたびに、「日本は省エネに努力してきた、今では乾いた雑巾のようだ、ここから絞っても減らせない」と言ってきた。しかし日本では、確かに1973年に第一次オイルショックを経験した後に省エネが進んだものの、それ以降は「有効だったエネルギー」よりも、「エネルギー損失の伸び」の方が上回ってしまっている。[49] 生活に本当に必要な、「温もりや明るさ」分の伸びよりも、ロスしたエネルギー消費の伸びの方がはるかに大きいのだ。特にバブル期には燃費の悪い車や大型電化製品などが売れ、エネルギーはムダに使われた。現在では日本より省エネの進んだ国もある。その日本が「乾いた雑巾だ」というのは思い上がりと言うほかないだろう。

エネルギー効率の悪さの一つの典型が、揚水発電所の存在である。[50] 聞き慣れない発電所だと思うが、これは山の上と下に2つのダムを造り、夜間の余った電気で下のダムの水を上のダムに汲み揚げて貯め、昼間電力が必要なときに水を落として水力発電する仕組みだ。この仕組みははたして発電なのだろうか。余った電気で発電しているのだから、合理的だと思うかもしれないが、10の電気を使って水を上に揚げるが、落として発電するときには7の電気しか得られない。実態は「発」電所ではなく、3割の「捨て」電所となっている。このような揚水発電所が全国に40カ所以上（ダムの数でいうと80以上）造られ、山河を破壊するとともに次々と電気を消費している。こうした仕組みが日本全体の省エネ努力を帳消しにしてきたのだ。

もちろん多くの工場などは省エネに努力してきただろう。しかし、それを帳消しにしてしまうようなエネルギーの大量消費の仕組みが作られてきたのだ。全館冷暖房完備のオフィス、24時間営業のコンビニ、雪の中で冷えた缶ジュースを売る自動販売機などなど、あちこちでエネルギーが浪費されている。とくに電気の二酸化炭素排出量は大きい。温暖化防止の京都議定書が結ばれるまで、日本は政府の音頭取りで、二酸化炭素排出量の最も多い石炭火力発電所の建設に邁進していた。政府は突然、健忘症に罹ったかのように石炭火力発電所建設の方針を反故にしたが、それに従った電力会社が今、困っているのだ。

限りない発電所建設はピークのため

「電気は保存できない」、この電気の性質が電気の扱いを非常にむずかしいものにしている。電気の需要について、分析してみよう。

家庭用と民生用を合わせたすべての電気の需要は、明け方4時頃に底になり、そこから急激に立ち上がって昼まで上昇し、昼休みに少し減った後に、午後2～3時にかけて最大ピークを迎え、夜まで徐々に消費が下がっていく。年間を通じた最大のピークは、北海道を除いて夏場の暑い日の午後に現われ、しかも土日祝祭日には現れない。

一方、家庭の電力消費ピークは、仕事に行く前の午前6〜8時と、帰宅してからの夕刻6〜9時に現われる。家庭の電力消費量はおおむね電力消費全体の4分の1にすぎないから、電力需要のカーブは家庭以外の需要によって決まる。後で詳しくふれるが、17基すべての原発が停止し、「停電する」と騒がれた03年の騒ぎのときも、需要がピークになる平日午後2〜3時にかけての家庭の需要は底で、実は家庭にできる対策はほとんどなかった。「ライトアップの停止」などがされたが、その時間帯にピークはない。そもそも家庭は需要ピークの時間帯には、10%以下しか消費していないのだ。

さて、この電気は保存できないという性質が、電力会社に電気需要のカーブに合わせて発電しなければならないという宿命を負わせる。発電所を限りなく造り続けなければならない事情は、この需要ピークのためなのだ。電気は保存できないから、ピークに電気が足りなくなれば電気の周波数が落ち、やがては停電してしまう。一方で、このピークが伸びれば発電所の増設につながるから、それだけ電力会社の存在基盤を大きくすると、電力会社が考えていた時代があったのも事実だ。政府や電力会社にその残りかすのような政策がまだ残っていて、無理な発電所増設をさせようとする。

たとえば電力料金の体系がそうだ。家庭の電気料金は、3段階の価格設定によって、同じ月の中で使えば使うほど単価が高くなるように設定されている。だから家庭は電気を節約する。し

図⑩　電気料金単価比較（文献：43）

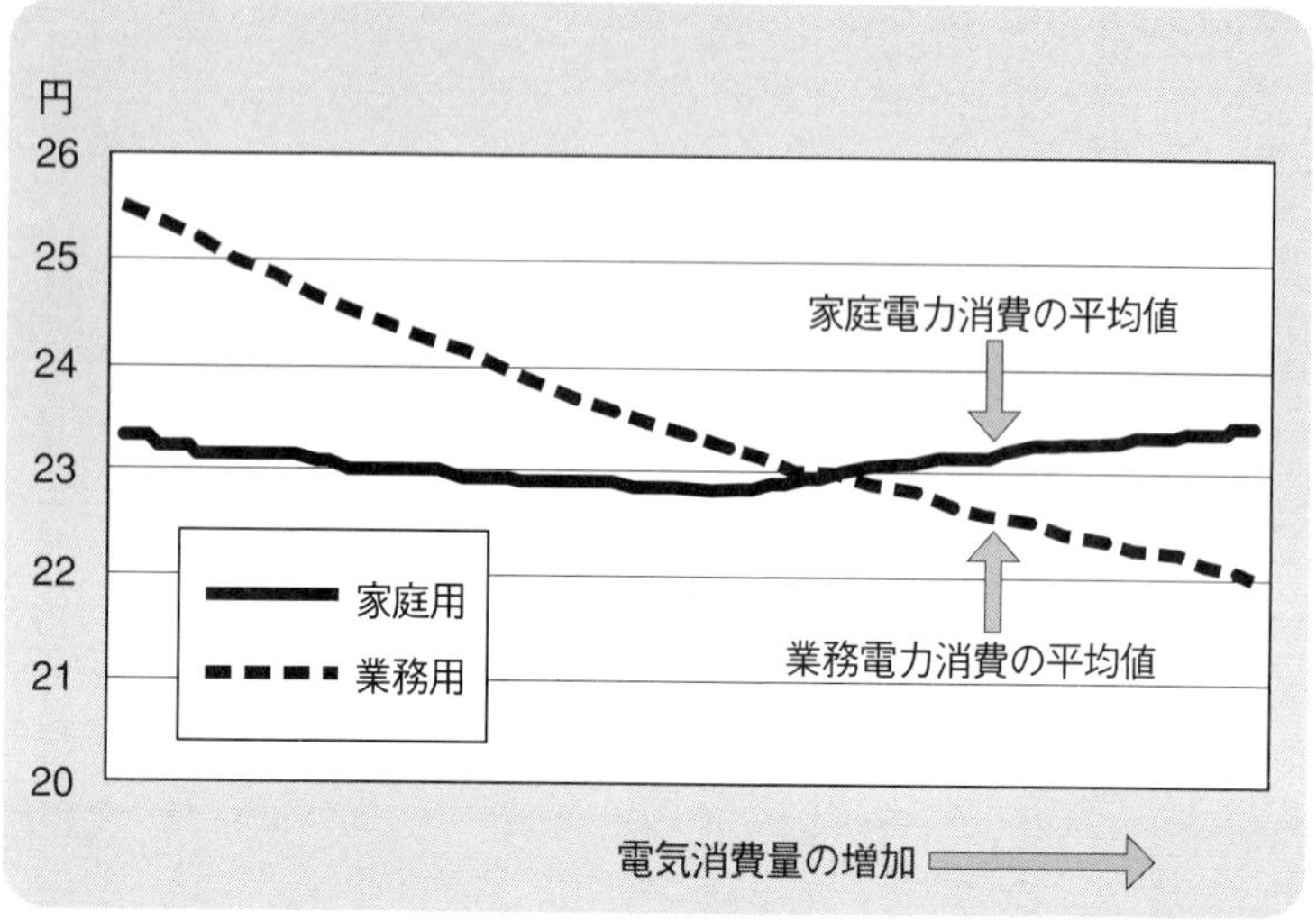

かしその一方で、事業系の電気料金は、基本料金が高い代わりにキロワット時当たりの単価が安いので、使えば使うほど電力単価が安くなっていく設定になっている（図⑩）。これでは一時に集中して電気を使わない限り、電力消費の多い月は、より多く使った方が単価が安くなり、電気料金が節約できる。このように事業系の電気料金の価格体系は、限りなく電力消費を促進させる形になっているのだ。

もし事業系の電気の節約をさせたいのなら、右肩上がりのカーブにすればよい。使えば使うほど単価が高くなるように電気料金を設定すれば、誰もがなるべく使わないように努力するようになる。右肩上がりの電気料金の体系を採用すれば、工場、オフィスビルも省電力に努力せざるを得なくなる。逆にもっと電気を消費して欲しいなら、どのような形の料金体系にするのがいいだろうか。右肩下がりのカーブ。そう、まさに今の事業系料金のカーブがその形なのだ。この電気料金体系が電力消費を増大させているのであって、「ピークのために発電所を造らなければならない」のではない。原因と結果が逆転してしまっているのだ。

2003年夏、東京電力、停電危機を分析する

2003年夏、東京電力は原発での事故隠しを引き金に、すべての原発を止めて点検することを余儀なくされた。全17基、合計1730・8万キロワットの電源を失った東京電力は、需要に足りずに停電してしまうことを避けるため、各関係機関と消費者に節電を呼びかけた。と同時に、その日のピーク需要とその日の最高気温を公表する、「電気予報」なるものを初めてホームページに公開した。そのデータが図⑪[51]だ。その日の最高気温と、その日の電力の最大需要ピークとが示されている。

電力ピークと最高気温は一致するように見えながら、ところどころ一致しない。そこで、土日祝日、お盆を隠してみる。すると最高気温とピークの相関関係はぴったりと一致する。土日祝日、お盆は大口需要者の工場などが休むためだ。さらにピークが分かるように5500万キロワット時に横線を入れてやると、ピークに関する一つの定理が導き出される。

図⑪　2003年夏の日付別ピーク需要と最高気温（文献：51）

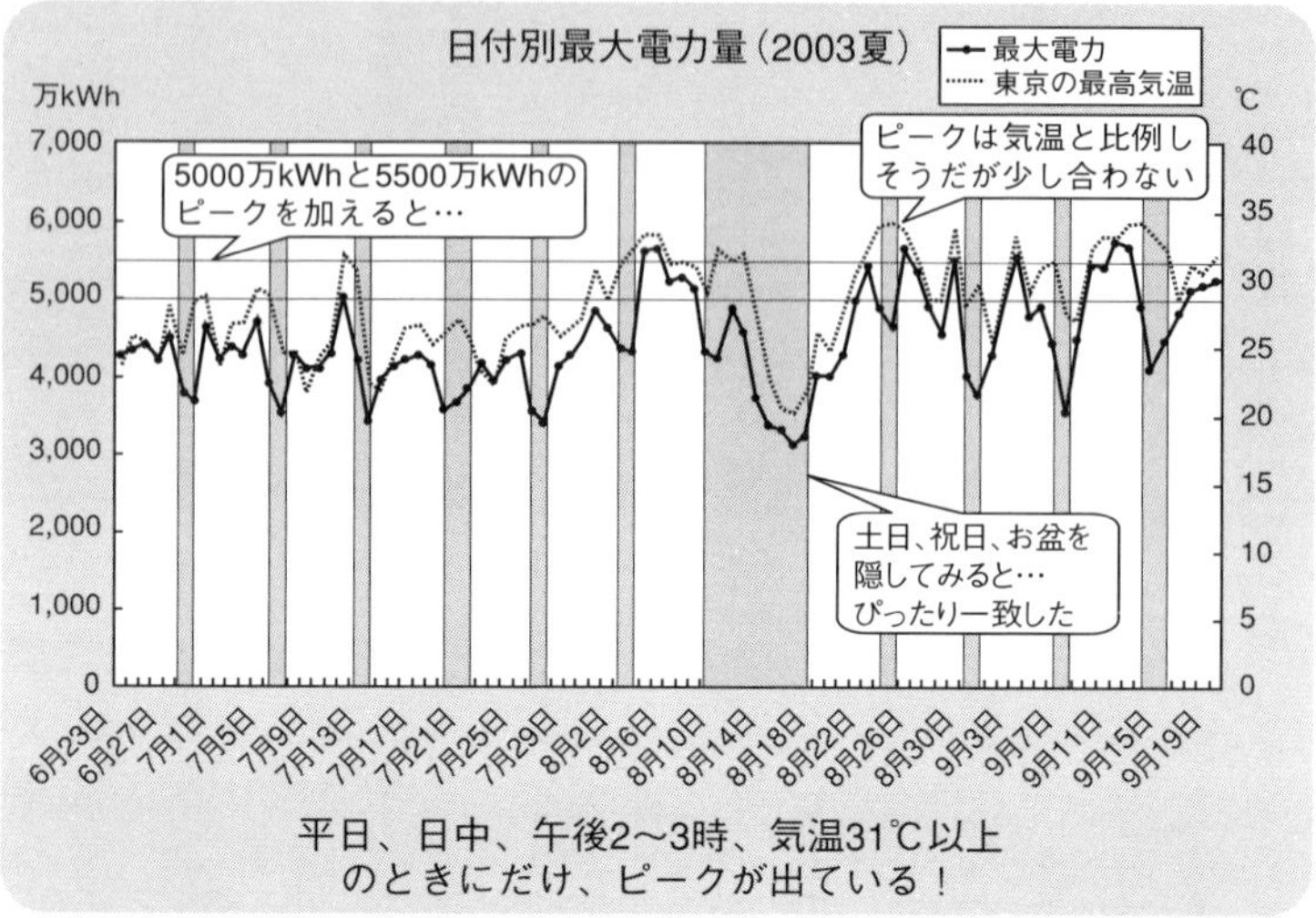

「ピークは夏場の平日、午後2時から3時にかけて、気温が31℃を超えると現れる」ということだ。それならば解決策は簡単だ。「夏場の平日、午後2時から3時にかけて、気温が31℃を超えるときは、産業の電気料金を高くすればよい」のだ（図⑫）。

実は日本の電気需要は一日の上下の振幅が大きく、そのために年間の発電所の稼働率（正しくは負荷率）が低い。ドイツ・北欧が72％も稼働しているのに対して、日本では58％しか動いていない[52]。稼働率を上げるには需要ピークを下げて、上下の波を平均化する努力をすればよい。たとえば電気料金の価格を変動させて、ピークが出そうな時間帯には高い単価にする方法（これは各国がすでに導入している。日本でも一部

図⑫　ピーク電力を下げるためには（文献：43）

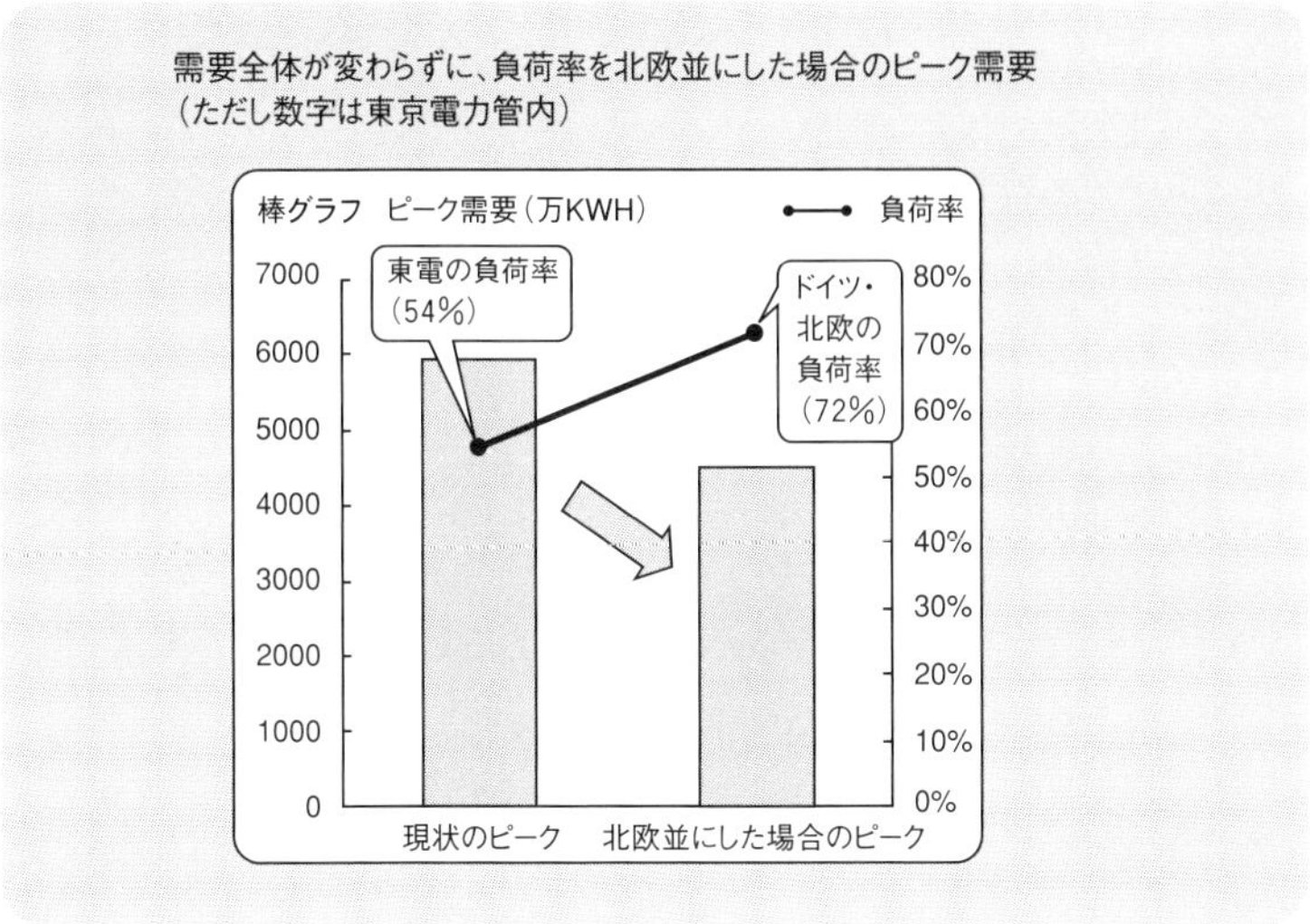

料金に「選択約款」を採用しているが、利用は全体の約２％程度でリーズナブルなものとはなっていない）、またエアコンなど電力消費の大きな機器を別の配線にして、需要を外部からリモートコントロールする方法もある。たとえば猛暑で電気が不足する時には、電力会社はリモートコントロールで数分ずつだけエアコンを停止させてもらう。その代わりに電気料金を割引く仕組みだ。アメリカでは４６０万世帯に導入されている。[53]ちなみに数分の停止ではほとんど室温は変わらない。12世帯×５分間で１時間分の節電になる。もっとダイナミックに「発電所を新設するよりは安いから」と、省エネ製品に助成したり、タダで配布したりする方法（カリフォルニアのＳＭＵＤ）[54]までである。

発電所という「供給側」で電気の需要を満たそうとするのではなく、消費者という「需要家側」で消費を減らして対応する方法を、英語でＤＳＭ（デマンド・サイド・マネジメント＝需要家側での管理）と呼んでいる。日本でも同じ名前の部署が各電力会社に作られているのだが、なぜか改革は遅々として進まない。

どのように電気の需要をコントロールしていくかは、さまざまな手法があるが、もしドイツ・北欧並みの需要コントロールを実現したらどうなるだろうか。全国で電気のピーク需要が25％減り、その分だけ発電所が不要になる。原発は日本全体で設備量としては22・５％だから、すべての原発が閉鎖されても困らないのだ。

第3章 エネルギーをシフトする

家庭からみる省エネ

「トップランナー方式」という省エネ基準の考え方がある。これは、基準を最も進んだ技術（先頭のランナー）に設定することで、全体の省エネを早く向上させようとする考え方だ。これを前出の日本全体の二酸化炭素排出量の半分を占める、トップ200事業所にあてはめてみよう。大きな割合を占める石炭火力発電所の場合、古い発電所と最新のものでは、発電効率に10％もの差[55]がある。これを排出二酸化炭素量で逆算すると、古い発電所は同じ電気を作り出すのに、33％も排出量が多くなる。トップランナーに合わせて10％効率を上げるだけで、33％も減らすことができるのだ。同様のことを自動車で考えてみよう。90年代の乗用車は、平均してガソリン1リットルで8キロメートルしか走らなかった。これを今の低燃費車のトップランナーに変えた場合、同じ走行距離でも、二酸化炭素排出量を3分の1近くに下げることができる。産業の二酸化炭素排出量に対しては、非常に効果的な方法だ。さらに炭素税を導入し、電気料金の

図① 標準世帯の年間CO_2の排出源（2000年）文献：56

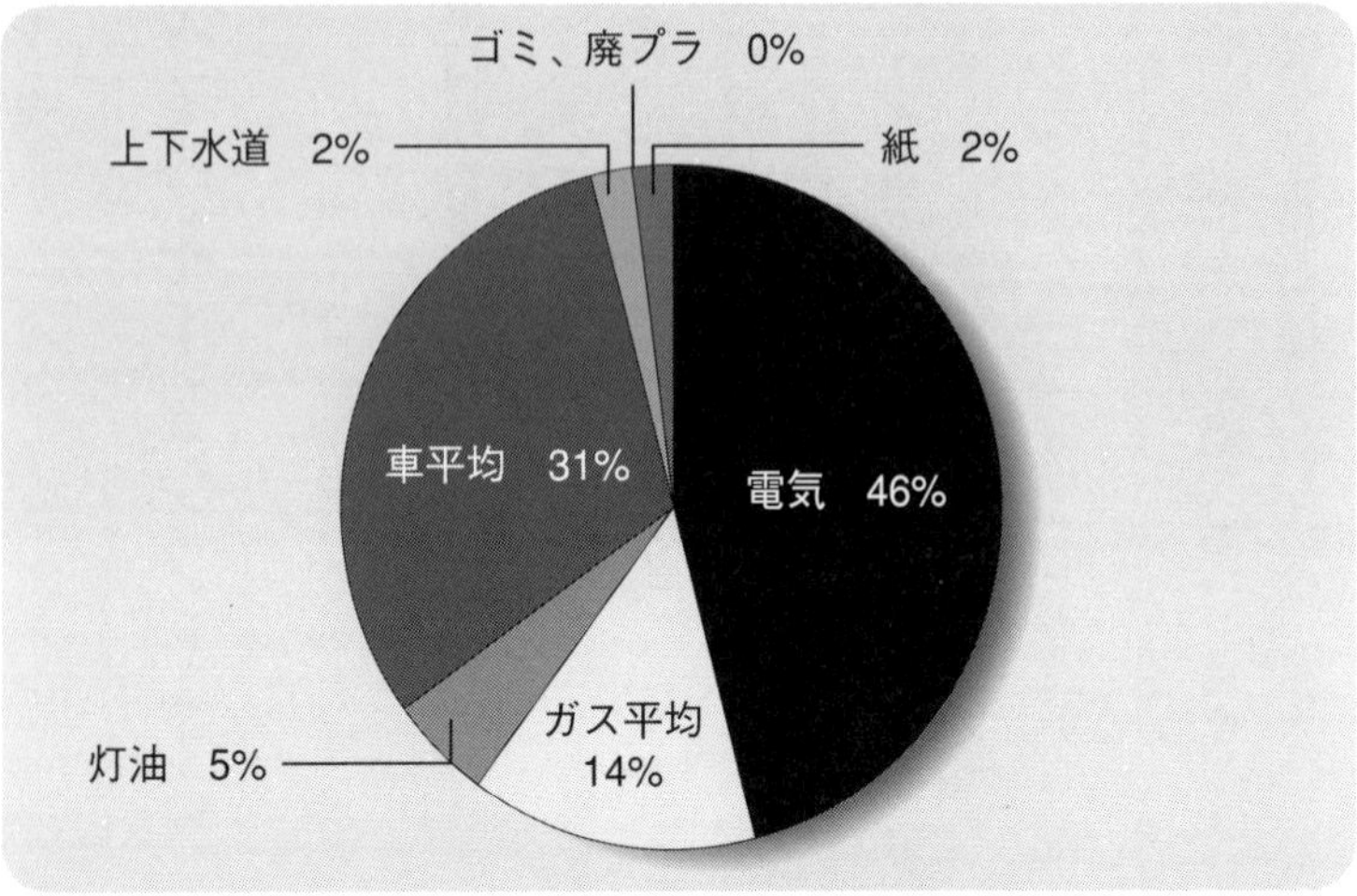

設定を変えることで、産業の二酸化炭素の排出は抑制することが可能になる。

さて、今度は全体の8分の1を占める、家庭からの二酸化炭素の排出を、ぼくたちが独自に調べたデータでみていこう。家庭で二酸化炭素の排出削減はどれだけ可能だろうか。

まず家庭内での二酸化炭素排出源の内訳をみると、二酸化炭素排出量の約半分が電気によるもので、次に大きいのが車だ（図①）[56]。ただしぼくたちの作っているグラフは電力会社の作るデータと異なる。図①のグラフでは、二酸化炭素の排出量がほとんどないとされる原発とダムを含んでいないのだ。電気が一番、車が二番であることに変わりないが、電力会社や政府が表示するデータと比べて、電気からの二酸化炭素の排出量の比率が、ずっと大きなものになっている。ぼくたちが政府

図②　家庭内の待機電力消費の内訳（文献：56）

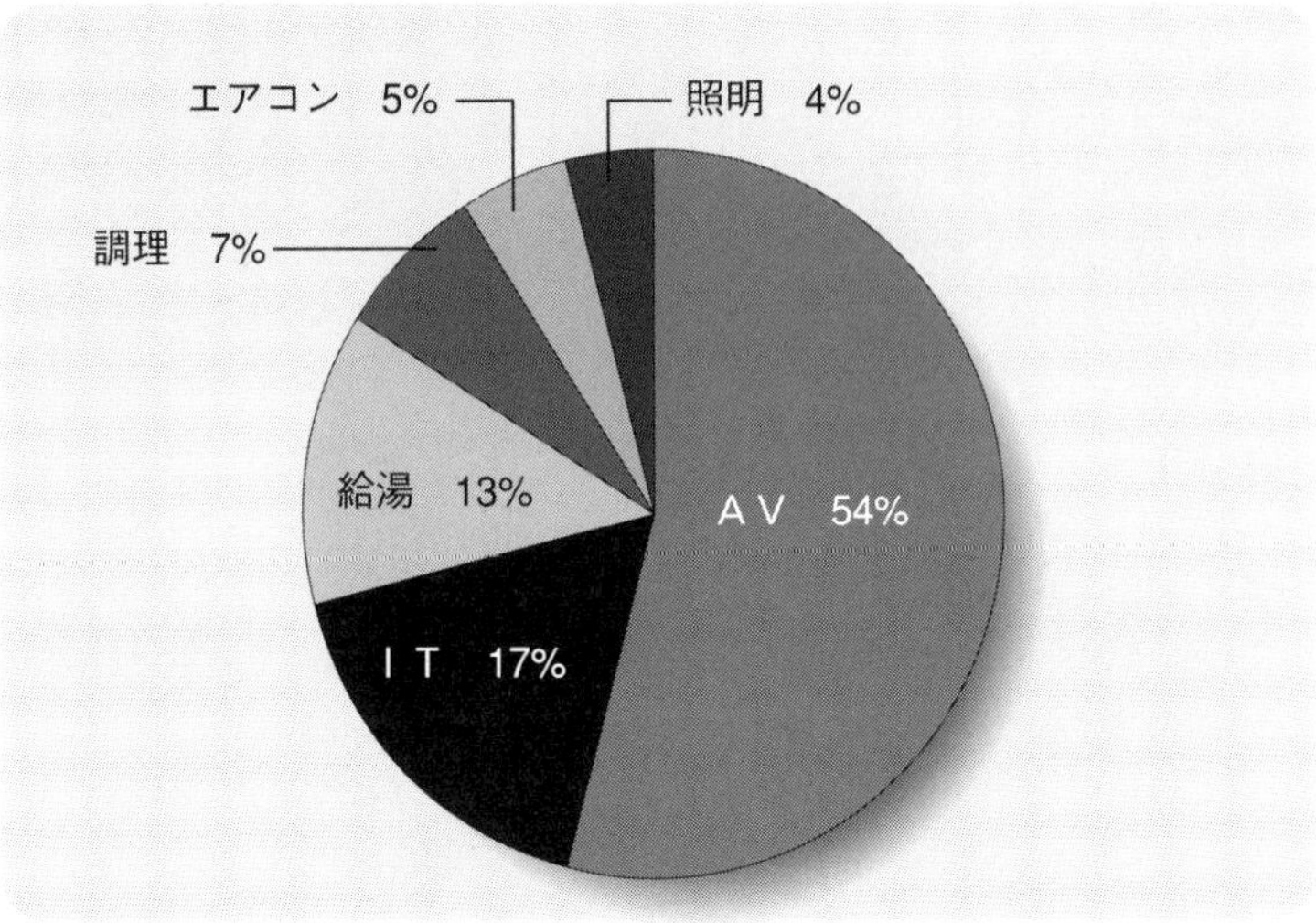

や電力会社と同じ見解を採らないのは、原発とダムを今後もずっと造り続けることを前提にすべきでないと考えるからだ。考えてみてほしい。このまま原発やダムを含んだ数字で京都議定書に取り決めたレベルまで進めたとしよう。しかしそれで二酸化炭素排出削減を実現するとしたら、もはや原発やダムをやめられなくなってしまうではないか。原発はすでに述べたように、経済合理性から新設することが困難になってしまっている。ダムはもはや適地もないし、問題点も知られるようになった。その現実を無視して、温暖化防止対策に原発やダムを折り込むのは無責任だと思うのだ。

こうしてみると、やはり合理的なのは電気と車の二酸化炭素排出量を減らす方策を考えることだ。ちなみに水の消費は、二酸化炭素排出量にほとんど関係しない。ごみからの排出量の方がむしろ多い。ごみには二酸化炭素排出量が多い「紙とプラスチック」が含まれるためだ。

待機電力にはスイッチ付きコンセントを

では最大の要因、電気の消費からみていこう。電気の約1割は、待機電力が消費していると言われている。そのために待機電力カットに努力している人の中には、タンスの裏側まで手を突っ込んでコンセントを抜いていたりする人もいる。現実の待機電力は、AV（オーディオ・ビジュアル製品）とIT（コンピューターや通信機器）が7割を占めている（図②）。したがって待機電力カットで省エネするには、AV・ITの機器、さらに携帯電話などの充電器のつけっ放しも待機電力を食うので、これらにスイッチ付きコンセントを付けるのが最良の方法だ。使っていないときは手元でスイッチを切ってしまう。今やスイッチ付きコンセントは千円以下で買えるので、電気料金で取り戻すのに、数カ月しかかからない。さらにガスの種火まで消せばさらに10％節約して、待機電力の8割はカットできる。

今では待機電力の少ない電化製品も出ているので、買い替えるときにはそうしたものを選んでほしい。また、もしエアコンを夏場しか使っていないのであれば、使用しない時期にはコンセントを抜くといい。コンセントを挿しているだけでも電気を消費している。これで待機電力のほとんどがカットできる。

図③　電力消費の推移（文献：56）

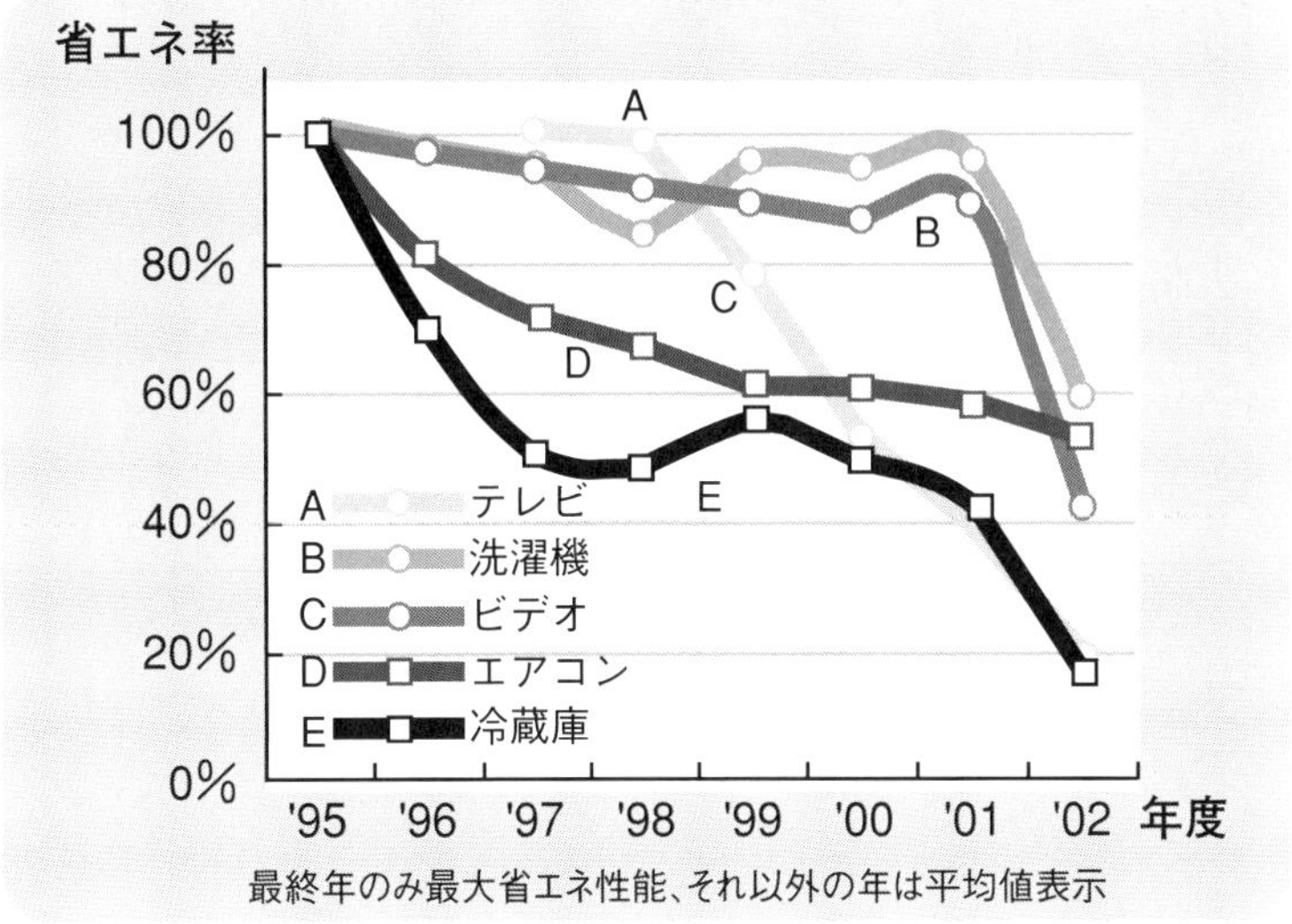

電力消費の四天王

家庭の中の電力消費には、四天王が存在する。「エアコン・冷蔵庫・照明・テレビ」だ。この四天王で家庭内の電力消費の3分の2が使われている（後出図⑥参照）。しかしこの四天王も、ここ数年の間に著しく省エネ性能が進んだ。これは家電メーカーの努力によるものだが、冷蔵庫では8年前に比べ実に85％もの省エネに成功し、他の製品でも約半分までに減らしている（図③）。もし旧タイプの四天王を省エネタイプに買い替えると、家庭の電力消費は約半分まで減らすことが可能になる。政府の「地球温暖化防止大綱」のように「一部屋に集まって全員で同じテレビをみろ」と言わなくても、お金の工面さえできれば、現在と同じ生活のままでだれでも可能な対策だ。お金の工面の方法は、第5章で説明しよう。

四天王を買い替える時には次の点を考慮してほしい。

■エアコン――まず、古い機種であるかどうかを調べた方がいい。エアコンを使う頻度は家庭によって大きく違うし、家屋の構造によっても大きく違う。冷房を使わざるを得ないならば、最新型の省エネエアコンと消費電力量を比較してみた方がいい。もし冷房をあまり使わないのであれば、すだれなどで西日をさえぎる工夫をしてみたり、風通しを工夫した方がいいだろう。

エアコンでの暖房は、部屋全体を暖めるには力不足だ。確かに最新型の省エネエアコンは、ヒートポンプ機能（外の熱を集めてくることで、消費する電気の数倍の熱を利用できる仕組み）が充実して、1の電気で6倍の熱を集めるほどになっているが、それでも暖房機としては非力だ。石油やガスを利用した方がいい。さらに除湿機能では、冷やして除湿した空気を暖めてから出す仕組みで、ヒートポンプ機能を備えていても、その倍率は冷房の3分の1程度に低下する[57]。その結果、除湿の方が冷房よりも3倍電気を消費することになる。除湿は冷房よりもエネルギーを消費するのだ（ヒートポンプの限界については後で述べる）。

■冷蔵庫――もし古くて省エネタイプでないものを使っているなら、すぐに買い替えた方がいい。というのは、冷蔵庫は24時間使い続けるしかなく、使い方で節電できる部分は、開け閉めを素早くするなど方法が限られるためだ。冷蔵庫はノンフロン冷蔵庫が開発されて以来、省エネがすばらしく進んで、現在の省エネタイプの冷蔵庫は5台並べて使っても8年前の同じ容

図④　冷蔵庫のライフサイクルアセスメント（文献：58）

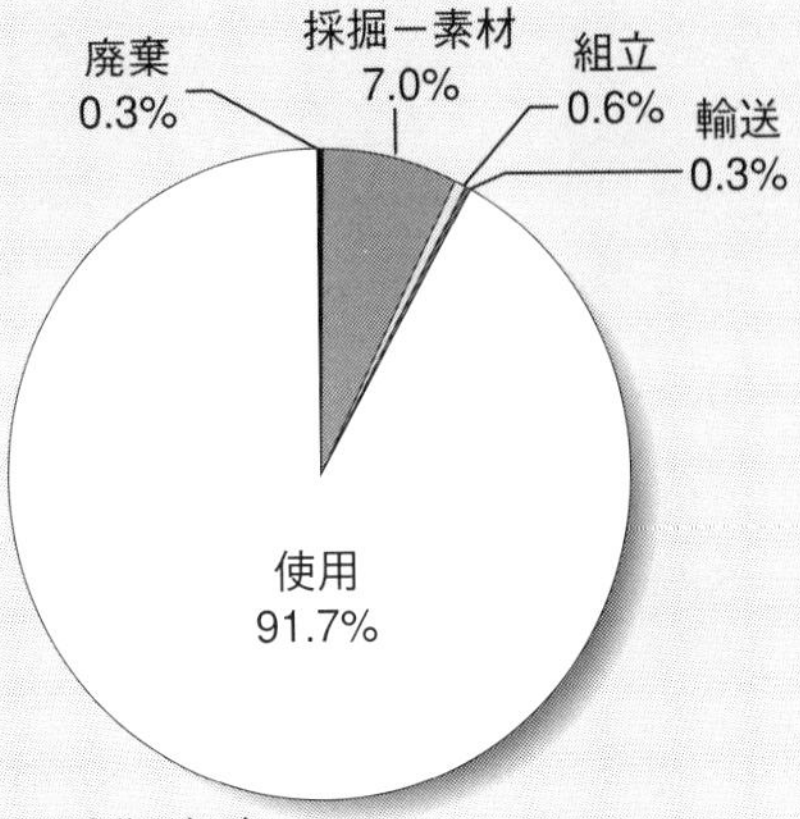

出典：LCAプロジェクトの現状と今後の在り方
（LCA日本フォーラム・プロジェクト報告会配布資料 2003.6.20）

量の冷蔵庫1台分より電気代が安くなる。買い換えた方がエネルギー的に有利になるのは、冷蔵庫だけで85%もの省エネに成功したことと、冷蔵庫はコンセントを抜いて待機電力のカットができないことのせいである。

しかし、電気料金の差だけで、まだ使える冷蔵庫を捨てるのは忍びないというのが人情だろう。だが、冷蔵庫のLCA（ライフサイクルアセスメント＝生産から廃棄までのエネルギー消費量）をみると、平均12年間使われる期間のうちで、実に91・7%が電力消費としてエネルギーが消費されている。廃棄のエネルギーはわずか0・3%にすぎない（図④）[58]。2番目に大きいのは7%を占める鉄などの素材の採掘と精錬のエネルギーだから、きちんとリサイクルされるルートに乗せれば、その分の半分以上はカバーされる。

旧タイプの冷蔵庫を省エネ冷蔵庫に買い替えたとすると、1年4カ月後には、トータルのエネルギー消費量が減り始める。買い替えてから1年4カ月以上使えばエネルギーは取り戻せる。つまり古いタイプの冷蔵庫を、後生大事に使い続けることは、エネルギーの節約にはならないのだ（ただし省エネ冷蔵庫の実際の電気消費量はメーカーによって大きく異なるので注意が必要）。(59)

ちなみにこの省エネ冷蔵庫が作られることになったのは、環境保護団体グリーンピースの圧力のお陰だった。フロン対策として、グリーンピースが松下電器にノンフロン冷蔵庫を作るよう提案し、提案を真剣に受けとめた技術者がそれに応えて成功させたのが、この省エネ・ノンフロン冷蔵庫だった。(60)

■**テレビ**――液晶とプラズマでは電力消費量が月とスッポンほどの差がある。省エネ型は液晶テレビの方である。液晶テレビが省エネを進めるにつれて、通常のブラウン管テレビの方も省エネが進んだ。その結果、液晶とブラウン管テレビとで、製品によってはほとんど変わりないほどになっている。選択はスペースと価格、消費電力のバランスで選ぶのがいいだろう。プラズマテレビはまだまだ省エネには程遠く、「電気ストーブの代わりに」居間に置きたいと思う人以外は選ばないでほしい。

■**照明**――白熱球に対して蛍光灯球では消費電力が5分の1、寿命は8倍だからずっと省エネになる。ただし、蛍光灯球は密閉して使えるものとそうでないものがあることに注意してほしい。以前は明るくなるまでに1分ほどかかっていたが、今はすぐ明るくなるようになっている。また、玄関灯のような小さなものもある。LED（白色発光ダイオード）はさらにすごい。灯りでなく熱に変わってしまう部分が少ないため、照明そのものが熱くならない。現在実験段階の製品では、蛍光灯のさらに10分の1程度の消費電力のものもある。LEDの電力消費が非常に微弱で使えるために、小さな太陽光発電や手巻きするだけで光る懐中電灯や、ダイナモ発電機のいらない自転車ライトも商品化されている。

しかし電球型蛍光灯やLEDに取り替えたから終わりではない。照明は360度全体に向けて光っている。しかし天井側に向かった光はフードに反射して落ちてくるものの、すでに40％以下に減ってしまっている。つまり後ろ側に向かってしまった光を、アルミホイルのような反射板で戻してやれば90％以上が下に降ることになる。すると3分の2近く照度を増やすことができる。つまり3本の蛍光灯のうちの1本を取り除くことができるのだ。他にも電子式のグローランプを使うと点くのが早くなり、寿命が10倍以上も長くなる。

こうして照明・テレビ・冷蔵庫を省エネすると、その分だけ室内に出る熱が減る。ということは、それだけエアコンが外に排出しなければならない熱が減る。二重・三重に省エネになるのだ。

省エネ後の生活をイメージする

省エネ前の家庭の電気を図でイメージすると分かりやすい（図⑤）。省エネ前の家庭の電気消

図⑤　エネルギーのプールを小さくする（文献：56）

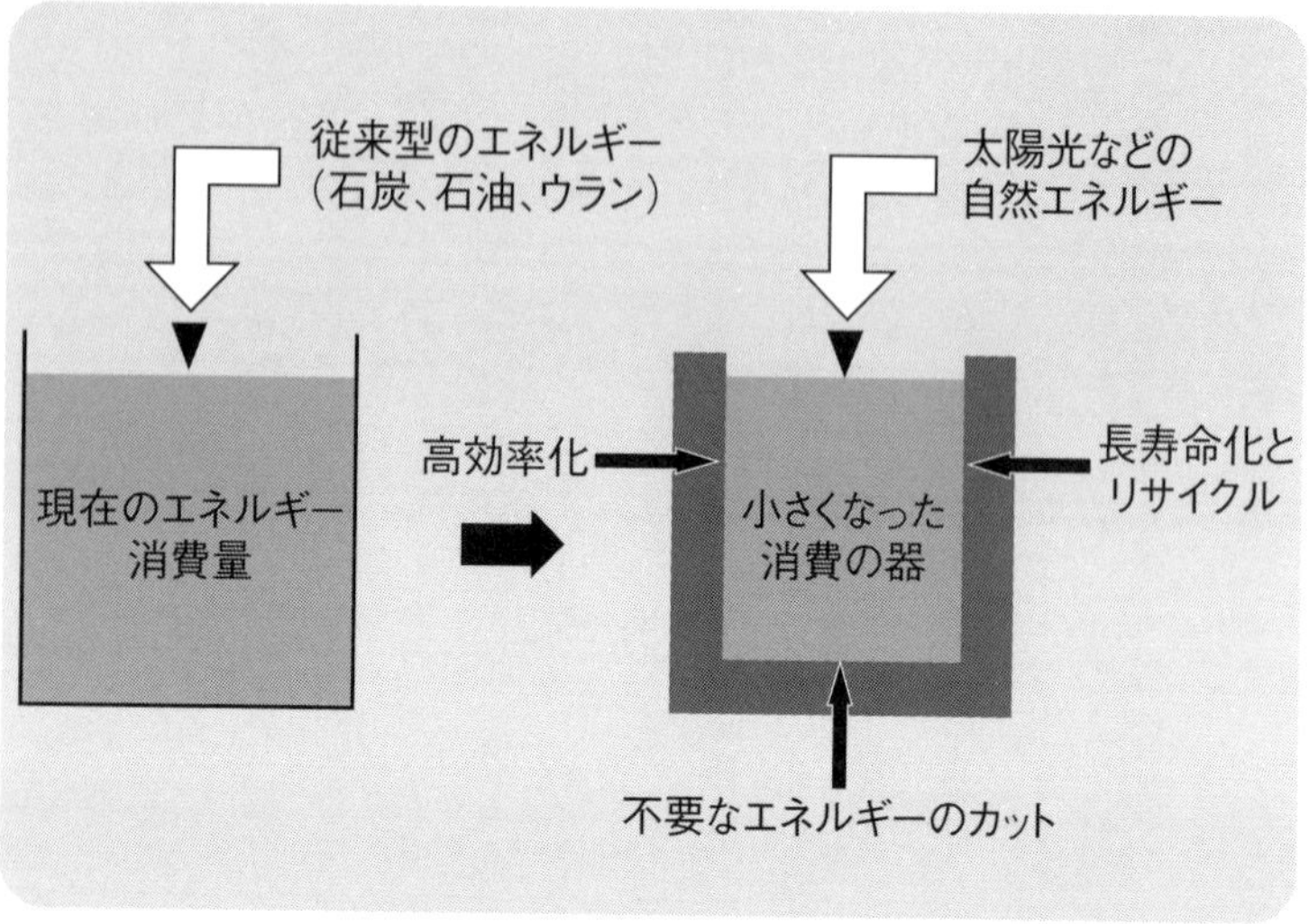

費量は、たっぷり入る器に消費する電気エネルギーがなみなみと入っている「エネルギープール」の形で表現できる。家庭で消費する「電力プール」と考えてもらってよい。その器の幅を狭めて、容量を小さくすることが省エネだ。まずは「高効率な製品の利用」によって壁の左側を狭めていく。先ほど紹介した家電四天王の冷蔵庫や、白熱球を同じ明るさの蛍光灯球に交換するようなやり方だ。同じように下の壁も狭めていく。これは「不要なエネルギーのカット」する方法。たとえば待機電力をスイッチ付コンセントでカットしていくような方法だ。最後は右の壁だが、これは「長寿命とリサイクル」の手法だ。省エネ冷蔵庫に買い替えたら今度は長く使う、白熱球から8倍長持ちする蛍光灯球に替えるというよう

に、長寿命の製品を選ぶ、グローランプを電子式に交換して蛍光灯の寿命を長くする、というようなやり方もある。買い替えの回数が減って、その分だけ省エネになる。

このようなやり方で「電力プール」を小さくする。小さくなったこの「電力プール」に電力会社の電気を注ぐのではなく、自宅の屋根に太陽光発電を付けて賄ったら、どれほどの広さ・価格になるだろうか。平均的な日本の4人家族の場合、1家庭の消費電力を賄うのに必要な太陽光発電パネルの広さは16畳分、3・8キロワット、価格にして300万円ほどだ。しかし「電力プール」を小さくした後では約2キロワット、170万円ほど、広さにして8畳間一つ分の広さが屋根にあれば足りるようになる。

簡単な算数の計算をしてみよう。

Aさんは今、3・8キロワットの太陽光発電パネルをつけて、エネルギー自給をめざしている。300万円のお金をかけてもよいと思っていた。家の「電力プール」を小さくする話を聞いて、実は電気を2倍近くもムダ遣いしていたことに気づき、このムダをなくせば170万円の太陽光発電パネルの出費で済むことが分かった。

300万円引く170万円で残る130万円。この130万円で、省エネ冷蔵庫(13万円)、省エネエアコン2台(26万円)、省エネテレビ2台(10万円)と照明一式(6万円)を買うことを決めた。これで家の「電力プール」を小さくした。実際には、75万円のおつりがきた。

これでどんなことが起きたか。Aさんの家は長期的な省エネが可能になり、合理的な規模で自然エネルギーを導入することができた。現状のエネルギー消費のままで自然エネルギーを導入するより、実は省エネの方が、コストが安いのだ。省エネすることで、自然エネルギーもより生かせるし、経済的に進めていくことができるようになるのだ。[61]

省エネ後に残るもの――熱エネルギー

省エネ製品に買い替える前と後では電気利用量の内訳はどう変わっているだろうか。それを描いたのが次の円グラフだ（図⑥・図⑦）。四天王と呼んだ「エアコン・冷蔵庫・照明・テレビ」の比率が減り、相対的に大きくなってくるのが「電気カーペット、電気こたつ、電気がま、温水トイレ、衣類乾燥機、食器乾燥機……」などの熱利用の製品だ。そもそも熱利用に電気は効率的ではない。電気自体が6割の熱を捨てて作られているエネルギーで、磨いて作った質の高いエネルギーだからだ。電気で熱を作るのは、原料のお米を6割以上磨いて捨てて作った贅沢な大吟醸酒を、調理に使ってしまうくらいもったいない話なのだ。

まず、家庭での熱利用の省エネを考えてみよう。家屋の熱利用（冷暖房）はエアコンが相変わらずダントツの1位だから、家屋の断熱がポイントになる。一般的に言えば、熱が逃げるのはまず開口部である窓だ。ここを複層ガラス、三層ガラスに変える。壁にはきちんと断熱材を入れる。これで冷暖房の熱利用が抑えられ、全体の熱利用は約4分の1が節約される（ただし、熱の橋（ヒートブリッジ）になってしまうアルミサッシは、効率的でない。熱が伝わりにくい

図⑥　省エネ製品買い替え前の電気消費量の内訳（文献：56）

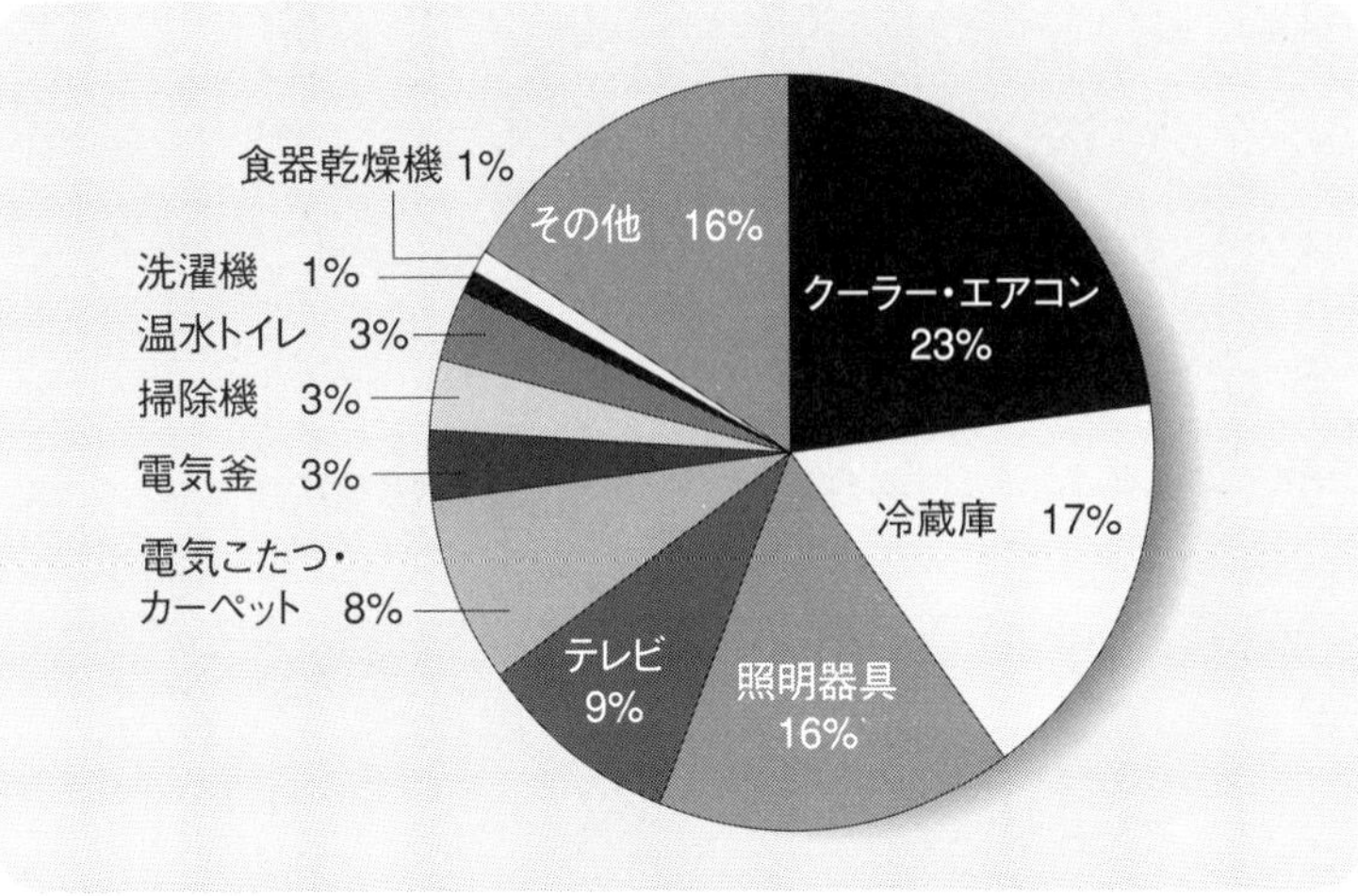

図⑦　省エネ製品買い換え後の電気消費量の内訳（文献：56）

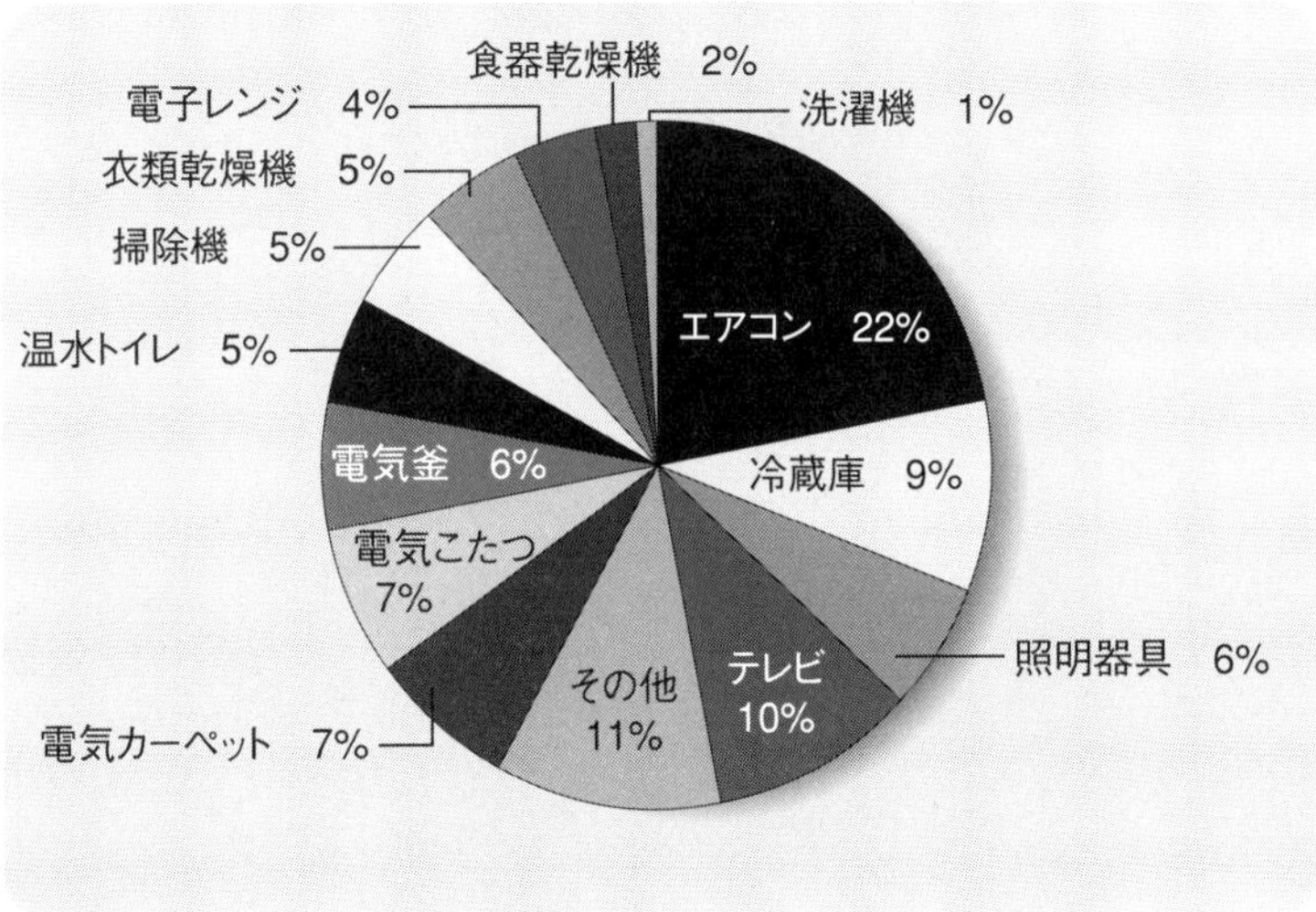

木製サッシなどが望ましい）。

ついでだが断熱材には、よく使われるビニールカバーされた石油製品ではなく、表面には珪藻土、断熱材部分に新聞古紙や木を使ったものがいい。この素材は「調湿（湿度を調整すること）」できる。ビニールと石油製品だとどうしても結露し、壁の中でカビが生える原因になる。当り前だが屋内と屋外の気温が違うわけだから、その温度の境目の場所で結露は起こる。その結露が避けられないとすれば、その場で吸収・排出することのできる木や土壁、紙などに断熱材の素材を替えるのは理に適っている。空気が乾燥すれば、水分を放出し、湿度が高まれば吸収する。断熱材の呼吸によって調整することができるのだ。ビニールだと、まるでビニールハウスに住んでしまったように結露し、カビるか、近くのベニヤ合板が吸収して膨張し、壊れることになってしまう。

エアコン自体をみてみよう。最近のエアコンは周囲の熱を井戸のように集めてきて貯める、「ヒートポンプ」の原理を利用した機種になってきている。電動のヒートポンプでは、電気は直接熱エネルギーとしてではなく、熱を移動させる動力源として利用されるため、大変エネルギー効率が高い。エコキュートなどの温水器もこの「ヒートポンプ」の機能を利用して、消費する電気の6倍近く周囲の熱を集めることができるようになっている。

ただし、使用環境に条件がある。ヒートポンプが周囲から低温の熱を集められるのは、外の気温がマイナス5℃までで、それ以下になると効率的に熱が集められなくなる。冬の時期、氷点下に下がるような寒い地方で使うときは注意が必要だ。近年、特に北海道など寒い地域で冬場の電力需要ピークが上昇しているが、このことに関係して起こってきているのではないだろうか（「電気カーペット、電気こたつ、電気がま、温水トイレ、衣類乾燥機、食器乾燥機……」にはヒートポンプ機能自体がないのでご注意を）。

オール電化のエネルギー自給住宅がさかんに宣伝されている。光熱費が安くなって自給しているように見えるが、実際はそうではない。電気の価格表が違うのだ。ピークカットのために日中の電気代を高くし夜を安くする。夜間の安い電気（6円／キロワット時あたり、以下同じ）をエコキュート温水器などで貯め込み、昼間に太陽光発電で作った電気を高く売る（25〜28円）のだ。安い深夜の電気を買い、昼間の高い電気を売ることで経済的にプラスになったとしても、エネルギー的にプラスマイナスゼロになっているとは限らない。自給しているとは限らないのだ。

さらにＩＨ調理器の電磁波の問題もある。ケタ違いに大きな電磁波を腹部に直接浴びた後、どのようなことが起こるのかは誰にもわからない。

燃料電池は使えるか

燃料電池を利用してエネルギー自給する生活を思い描く人も多い。燃料電池の発電原理は簡単に言えば、水の電気分解の応用で、水に電気を加えて酸素と水素を作り出す操作を逆にして、酸素と水素から電気を取り出すものだ。だが本当に燃料電池で家庭のエネルギー問題が解決できるのだろうか。

実際に、家庭で燃料電池を使用できるかどうか検討してみよう。

まず第1の難点は、「電気と熱のバランス」のミスマッチの問題がある。家庭の中のエネルギー利用は電気が多く、熱はあまり使われていない。しかし小型燃料電池の、最も発電効率の高い機種でも電気になるのは3割で、残りの4割はお湯になって出てくる。そのため燃料電池を電気消費量に合わせて発電したとすると、お湯が余ってしまうのだ。

第2の難点は、燃料電池のセルの寿命だ。最近発売された高性能な燃料電池は、10年使えることを前提としていると言うが、連続して使えば5年経たずに寿命が来てしまう。実際には一日の内の電力消費の多い時間だけ発電し、他の時間は電力会社から電気を買うことを前提にしている。非常時に発電機として使えるメリットはあるものの、まだ省エネの観点からは実用段階に達してはいない。

第3の難点は、燃料の水素自体も1割程度のロスを覚悟しながら作らなければならない点だ。このため、水素作りに、別途エネルギーが必要になる。

やはり燃料電池が救世主のように言われるのは、現状では過大評価だ。電気には電気の、ガスにはガスの使いやすいところがある。何でもどちらか一つにしようとするのは無理があるように思う。

図⑧　人体のエクセルギー消費と室内空気温・周壁平均温の関係（文献：62）

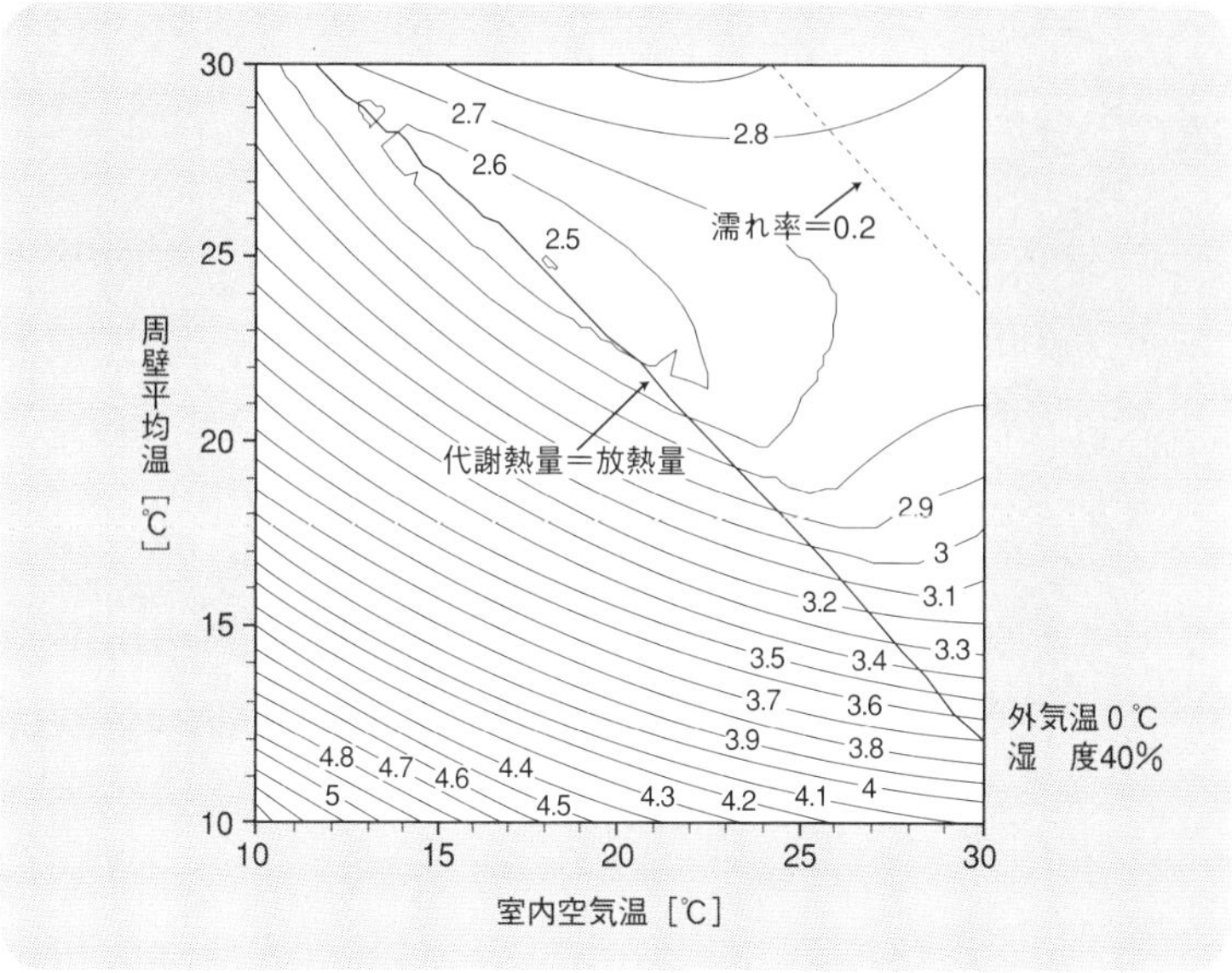

熱利用のオルタナティブ

熱利用を別の視点で考えてみよう。まったく新鮮なデータを提供してくれているのが武蔵工業大学の宿谷昌則さんだ。(62)「エクセルギー」という概念を提唱している宿谷さんは、図⑧のようなグラフを作り出した。「人体のエクセルギー消費と環境温度」と言うものだ。グラフのタテ軸が周囲の壁の温度、ヨコ軸が室内の空気の温度で、真ん中を右下がりに落ちていく線が人が発する熱量（代謝熱量。ワット）がもっとも少なくなる時点だ。人は快適なときに体から発する熱量が少なくなる。暑ければ熱を発散し、寒ければ熱を発する。その代謝

図⑨　ハービマンハウスの概要（1996年7月竣工、仙台市）文献：63

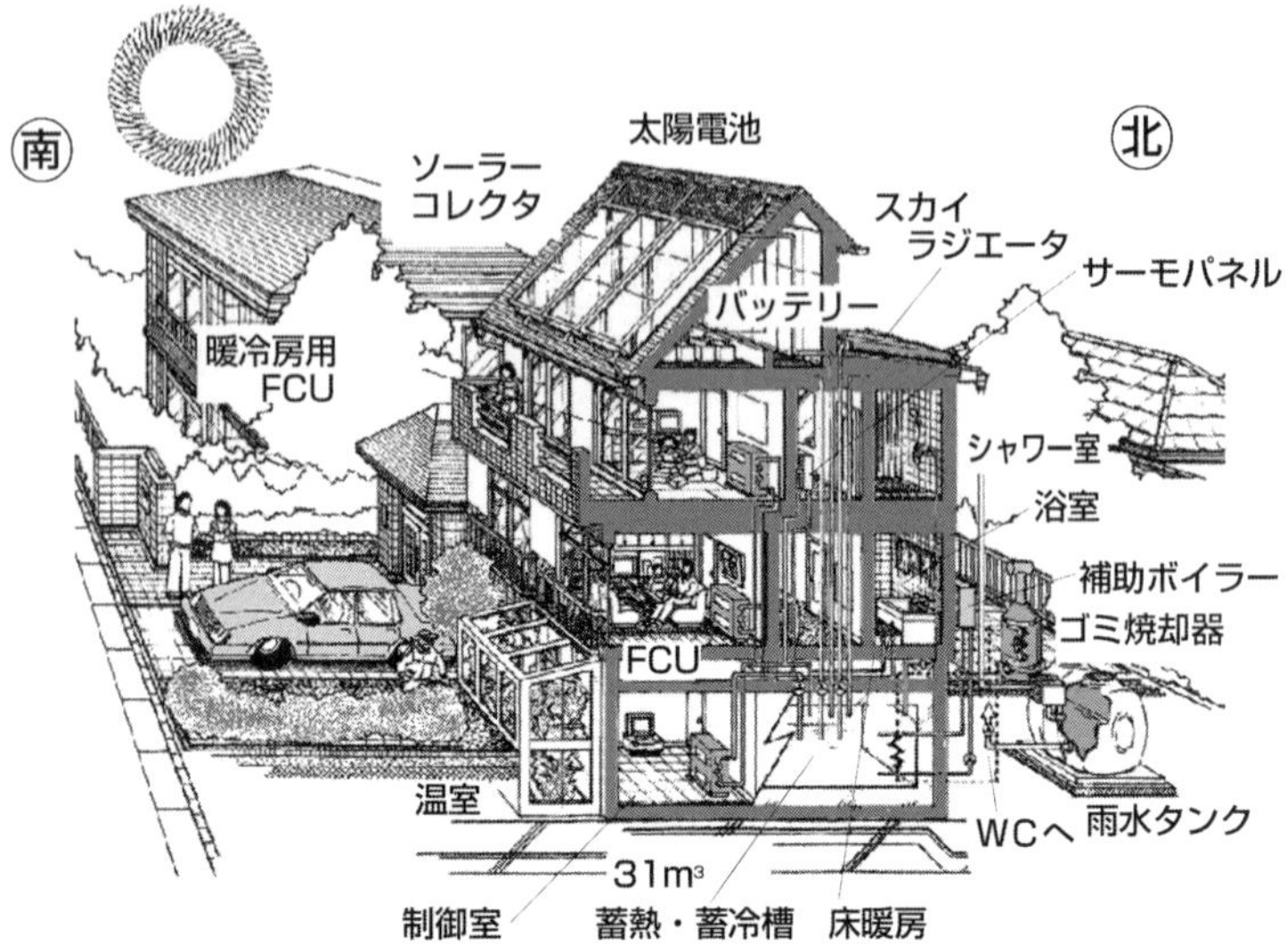

熱量がもっとも少ない時点で、人は快適さを感じる。しかし人は奇妙なことに、空気だけでなく、周囲の壁の温度をも感知している。たとえば、空気温度が12℃でも壁が30℃なら寒く感じないし、逆に空気が30℃でも壁が12℃なら暑く感じない。

このことは従来の冷暖房の仕組みとは別な方法を考えさせるヒントになる。これまではエアコンのように、室内の空気を全部冷やしたり暖めたりして快適な空間を作ろうとしてきたが、壁や床の温度を変えることによって快適な空間が作れるかも知れないのだ。床面を家庭雑排水の温度程度に暖めたり、地下水程度の温度に冷やすだけで室内が快適になるとしたら、これまでのエアコンはずいぶんとムダな設備のように思えてくる。

また、東北大学大学院の齋藤武雄教授は、自宅を「ハービマンハウス」（96年に竣工）と名づけたエネルギー自給住宅にしている（図⑨）[63]。その中でも興味深いのが、屋根に乗せた「スカイラジエータ」という装置だ。これは放射冷却を利用して、「断熱した水を、日に当たらない場所に置いた」冷却機だ。しかしこのスカイラジエータの中の水は、空との間で輻射熱を交換して、夏場の暑いときにも5℃の冷水になっている。この冷水を先ほどの壁・床面の冷却に使ったらどうだろうか。もちろん冬には太陽温水器を利用して暖房をする。

壁・床の冷暖房もスカイラジエータも、3つの熱の伝わり方である「対流（エアコンのような）、伝導（調理しているフライパンの柄が熱くなるような）、輻射（モノの表面から出ている赤外線のような）」の中の、輻射熱を利用したものだ。輻射熱を冷暖房に応用すると、エアコンすら不要で、灼熱の砂漠のような場所でも使える自然エネルギーのエアコンがイメージできる。これが未来の熱利用のオルタナティブになるのではないだろうか。

電気利用のオルタナティブ

家庭のエアコンによる冷暖房は、電気を省エネした後の暮らし（先ほどの「電力プール」を小さくした段階）でも、まだ電気の22%を占めていたから、この分が不要になれば電気の消費量はさらに少なくなる。太陽光パネルの広さで表現すると、16畳分を8畳に縮小して、さらに6畳分まで縮めても自給可能になってくる。しかしどんなに「電力プール」を小さくしていって、その分を太陽光パネルの電気だけで賄おうとしても、電力会社と離れられない。なぜなら太陽光が発電するのは日中で、家庭が電気を消費するのは夜間・早朝が多いからだ。どうしてもバッテリー代わりに電力会社の送電線につながなければならなくなる。

そこでこうイメージしよう。たとえば今、電卓を使おうと思ったときに、コンセントを探そうとする人がいるだろうか。だれでも電気に接続しなくても付属の小さな太陽光発電セルで、十分動くことを知っているから、探しはしない。これと同じことを一戸建ての家で実現することはできないだろうか。太陽光発電セルで発電した電気を充電して利用できれば、もはや送電線につなぐ必要はなくなる。エネルギーが完全に自給されるのだ。従来もバッテリーをつければ、太陽光発電で自給することはできた。しかしバッテリーの寿命は短く、大きな電気を食う電化製品を使うには大きなバッテリーが必要になる上、鉛など環境的にも負荷が大きい素材を使っていた。

図⑩　電気二重層コンデンサ「キャパシタ」

今、「キャパシタ」と呼ばれる電気二重層コンデンサが開発されている(図⑩)。優れた仕組みのもの(「E-CaSS」)を岡村研

究所が開発した[64]。電気を電気的に保存するため、瞬時に充電し、一時的な大きな電気の消費にも対応できる。寿命は数万回という長さで、ほぼ物理的な寿命まで使うことができる。しかも主な材料は活性炭とアルミで、有害物質でもなく価格の高いものでもない。これが05年に、大量生産されようとしている。これが普及した社会をイメージしてみてほしい。わずか6畳間の広さの太陽光発電とキャパシタの組み合わせで、電気が完全自給できるようになり、電力会社の電線につなぐ必要がなくなるとしたら。これまでの「命がけの原子力」や、「戦争してまで奪う石油」と、わずか6畳の屋根の広さが同じ価値を持つのだ。私たちの家がまるで電卓と同じように、家に降り注ぐ太陽光だけで自給できるようになるときに、そこまでしてエネルギーを求めるだろうか。

ぼく自身は電力会社に原発や石炭火力発電などをやめてほしいとは思っているが、電力会社につぶれてほしいと思っているわけではない。電力会社は圧制のような巨大科学技術に頼るのをやめ、電力供給のノウハウを活かしてエネルギーの調整会社になっていってほしいと願っている。

バイオマスの利用

「エアコン・冷蔵庫・照明・テレビ」といった「電力消費の四天王」を省エネしても、まだ調理や暖房などの熱エネルギーは必要だ。それを自然エネルギーに替えていくにはどうしたらいいだろうか。カギになるのは「森林バイオマス」などのバイオマス（=生物由来のもの）だ。自然エネルギーの導入がもっとも進んでいるスウェーデンをみると、森林バイオマス利用の増加が著しい。

木材の利用は、伐採の後に計画的に植林されることを前提にすれば、温暖化を起こすことはない。木が切られて、薪として燃やされると二酸化炭素が大気中に排出される。と同時に苗木を植えれば、苗木が成長するごとにその二酸化炭素は吸収され、木の中に炭素は貯蓄される。このサイクルができている限り、木材利用によって空気中の炭素は増加しない。これを「カーボンニュートラル（炭素的に中立）」という。

木材の利用で重要なポイントは、植林した木が育つまでの期間より長く使い続けるということだ。築200年という古民家は素晴らしい。木材が生長を止めた後、200年も二酸化炭素を固定しているのだから。木材を消費する速度が、生長速度より遅ければいいのだ。20、30年で建て替えるような安普請の住宅では、森にいくら木があっても枯渇してしまう。逆に木が生長する年数より長く使うことができれば、世界の森林量は増えていき、永久に利用可能なエネルギーになる。つまり50年で育つ木で100年使える家を建てるなら、世界の森林を守ることができるのだ。

資源を長く使う方法として、「カスケード利用」という方法がある。カスケードとは「小さな滝」を意味する英語だが、図⑪のように質の高いほうから順に「家→家具→紙→…」という形で、質を落としながら使っていく方法だ。今のように木材パルプをいきなりトイレットペーパー

図⑪　資源のカスケード利用

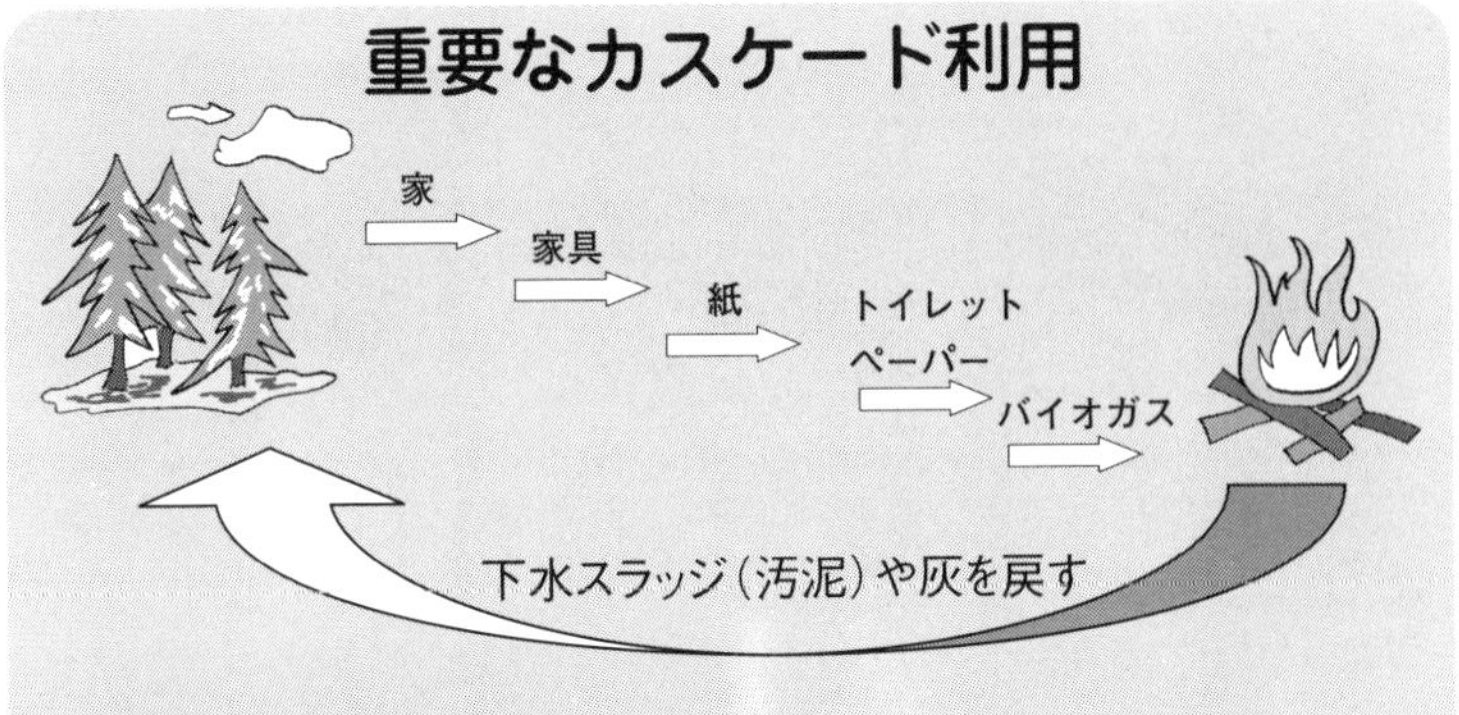

- このような段階的利用を、小さな滝に見えることから「カスケーディング（小さな滝）」と呼ぶ。
- 更新される資源（更新性資源）を使い、生長よりも長い時間をかけて使えば、持続可能な社会を実現できる。

にしてしまうと、その先は下水に流されるしかない。柱に使った木材を家具に、家具に使った木材を紙に、紙としてリサイクルして最後にトイレットペーパーに……。このように段階的に使われていくと、森林の生長期間よりも長く使うことができるようになる。生長に要する時間以上に木材資源を長く利用することができれば、持続可能な生活を実現することができるのだ。

だから持続可能な社会の条件は、①バイオマスのような更新される資源を使い、②生長の年数以上に使ってやることだけでいい。そうすれば環境の破綻は避けられるのだ。たとえば木材は何にでも使えるため、使い道はほとんど無限だ。丸い木材から四角い材木を切り出すときの端材は、チップやペレットにしてストーブの燃料に使って

図⑫　ポリ乳酸プラスチックで作られているウォークマン

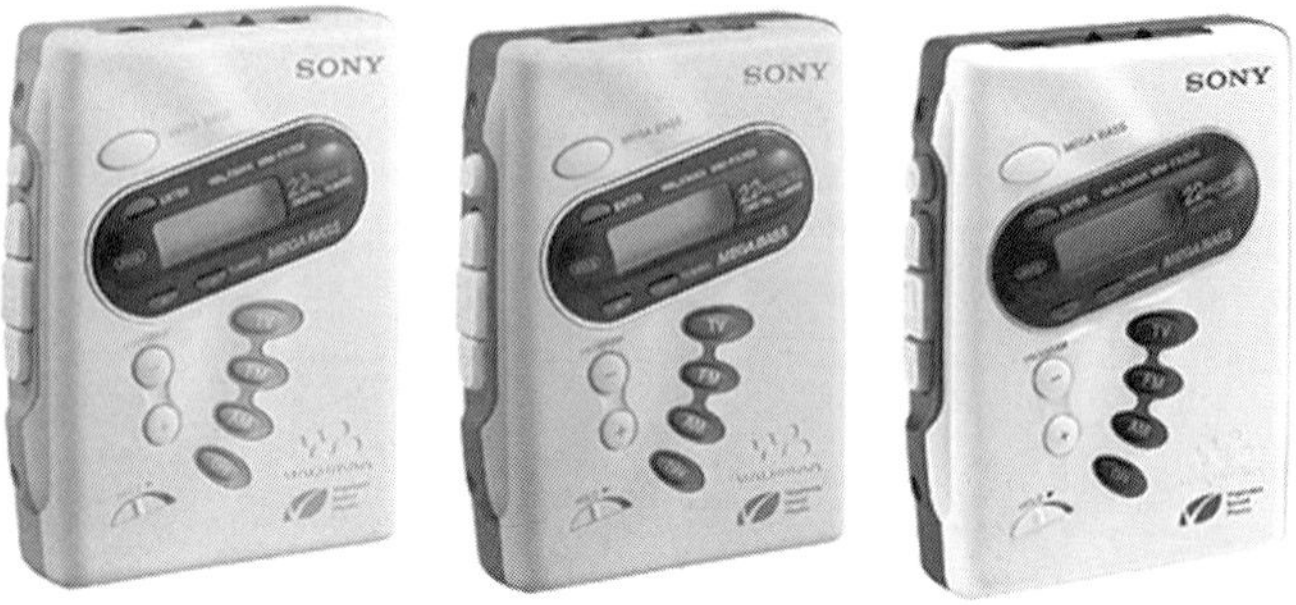

もいい。さらに木材からアルコールを作り出す技術もある[65]。そうなると、ガソリンに代えてアルコールで自動車を走らせる日が来るかもしれない。現実にブラジルでは、サトウキビの搾りかすから作ったアルコールで自動車を走らせているし、アメリカではガソリンにアルコールを半分も混ぜた燃料で車を走らせている[66]。

さらにウォークマンには、ポリ乳酸プラスチックという、トウモロコシからの植物性プラスチックが使われているものがある（図⑫）。不要になれば土に還る。このポリ乳酸プラスチックの研究開発の進展は著しく、間もなくたくさんの製品が、従来のプラスチックと変わらない価格で登場してくると予想されている[67]。

さらに廃食用油から作った植物ディーゼル燃料で走っているバスもある[68]。東京の自由が丘を走る「サンクス・ネイチャー・バス」だ。これだと黒煙を出さず、硫黄酸化物の排出もない[69]。

図⑬　バイオガスのシステム模式図

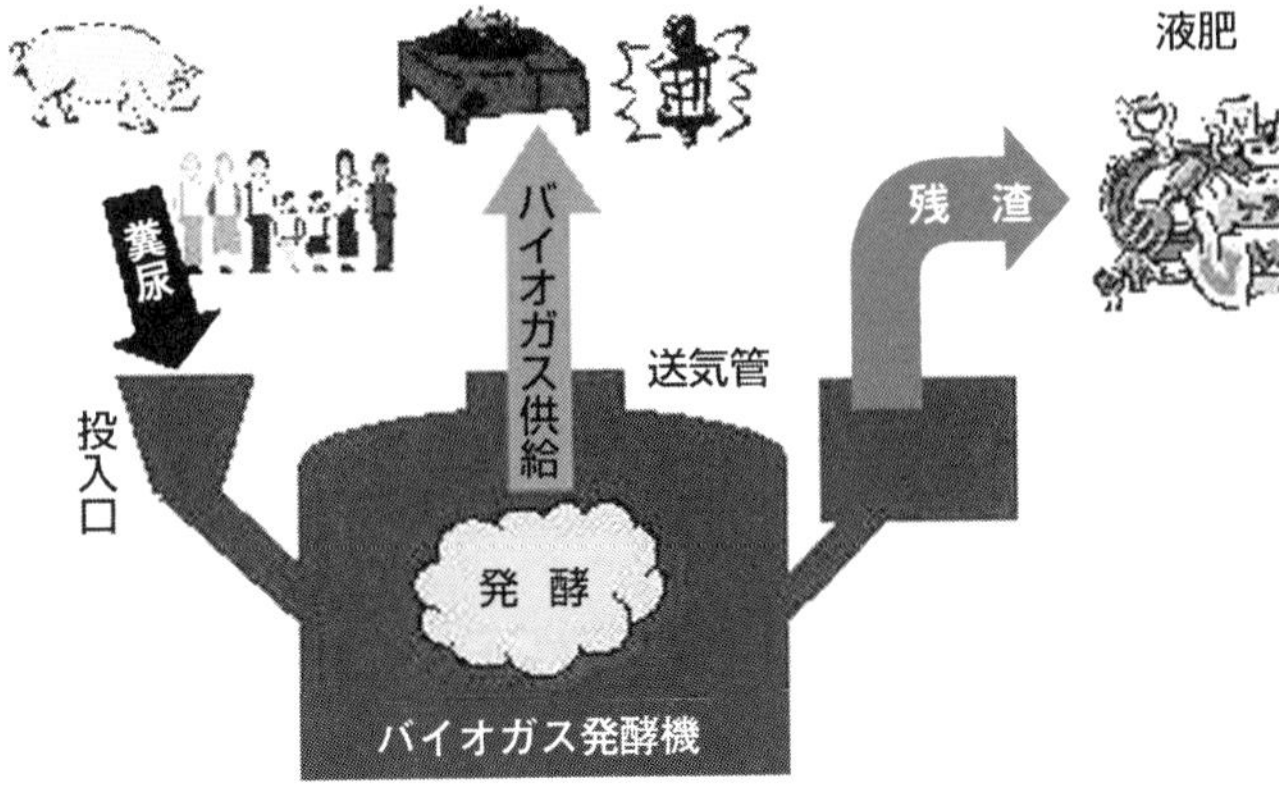

メタンガス利用のオルタナティブ

さらに生ごみや家畜の糞尿などの有機物を空気の嫌いなバクテリアに分解させると、メタンガスができる（図⑬）。メタンガスは別名「都市ガス」だ。煮炊きに使えるガスだ。これを「バイオガス」と呼んでいる。中国ではすでに雲南省だけで１００万基以上のバイオガスプラントが稼動している。しかもガスを取り出した後の液体は、「液肥（液体の肥料）」として、農業に使うことができる。

バイオガスプラントを安く、簡便な仕組みで実現したのが、埼玉県比企郡小川町の有機農家を中心としたグループ「ＮＰＯふうど」だ。[70] 近くの団地の協力者を得て生ごみを出してもらい、それをバイオガスプラントでガスにしている。自治体からごみ処理費と同額の補助金を出してもらい（つまりごみ処理事業として受託しているわけだ）、その資金でプラントの運営と、ごみを出してくれた協力者への対価として地域通貨を渡している。ごみを出した人はその地域通貨を使って、地元で作られた液肥の有機野菜と交換することができる。

実際、生ごみの処理にはカネがかかる。ごみ焼却場では生ごみが含む水分のために重油をかけなければならず、まるで水を燃やすようだと嘆いている。当然、二酸化炭素も多量に出る。しかしこのバイオガスプラントでは、二酸化炭素の発生源になっていた有機物は、ガスと液肥に姿を変えて家庭の燃料と畑に戻ってくる。ごみ焼却と、家庭の燃料と、化学肥料の製造に使われるエネルギーの分だけ、バイオガスに置き換わって二酸化炭素の排出量が少なくなる。とくに化学肥料の生産には莫大なエネルギーが消費されるので、それだけでも大きな効果だ。

ただし、バイオガスプラントは、バクテリアという生物を相手にしているだけに、彼らのご機嫌を伺いながら元気良く働いてもらう手間が必要になる。そこが工業製品の製造と違うところだ。

一方の中国では別な問題がある。中国では貧困対策としてバイオガスプラントの導入が進められたために、どうしても貧困対策のイメージがつきまとう。そのため管理も十分ではなく、生産可能なガスの半分程度しか生み出していない。さらには経済的に豊かになると、プラントを見捨ててしまうこともあるのだ。

それならバイオガスプラントに、小さな発電機を導入してはどうだろうか。中国でも電気は高級なものであり、しかも電化も遅れている。電化された地域では、電気料金は政策的に安く抑えられているものの、値上がりしつつある上、発電量が追いついていないためによく停電する。そこで、このバイオガスプラントが高級なエネルギーである電気を生み出すのだとしたら、彼らはガスを生産できるようにより真剣に管理するようになるのではないだろうか。中国雲南省のバイオガスプラントでは豚と人間の糞尿を入れているが、これは衛生面からみても資源面からみても実にすぐれた方法だ。環境だけでなく衛生面から見ても、この仕組みの効果は非常に大きい。各国地域の文化とぶつからない形で導入されるなら、発展途上国での生活改善のモデルケースになる可能性すらあると思う。

先にもふれたとおり、中国のエネルギーシステムの動向は、地球の将来の趨勢を決めてしまうほどの大問題だ。そこで生まれた技術と省エネが結びついて、地域循環型エネルギーが実現できれば、地球の将来にも可能性の光が射してくるのだが……。

自然エネルギーの未来

では世界は自然エネルギーの導入に、どの程度本気なのだろうか。図⑭は欧州各国の１９９７年現在の全エネルギー消費量に対する自然エネルギーの導入比率と、２０１０年時点での導入計画のグラフだ。[71] 軒並み大幅な導入をめざし、欧州連合（ＥＵ）全体で現在15％、２０１０年には22％を予定している。世界はすでにここまで進んでいたのだ。これに比べ日本は２０１０年の目標値が１・４％、現状でわずか０・２％（水力ダムを含んだとしても７％）にしかな

図⑭　欧州各国の全消費エネルギーに対する自然エネルギーの導入比率と導入計画量（文献：71）

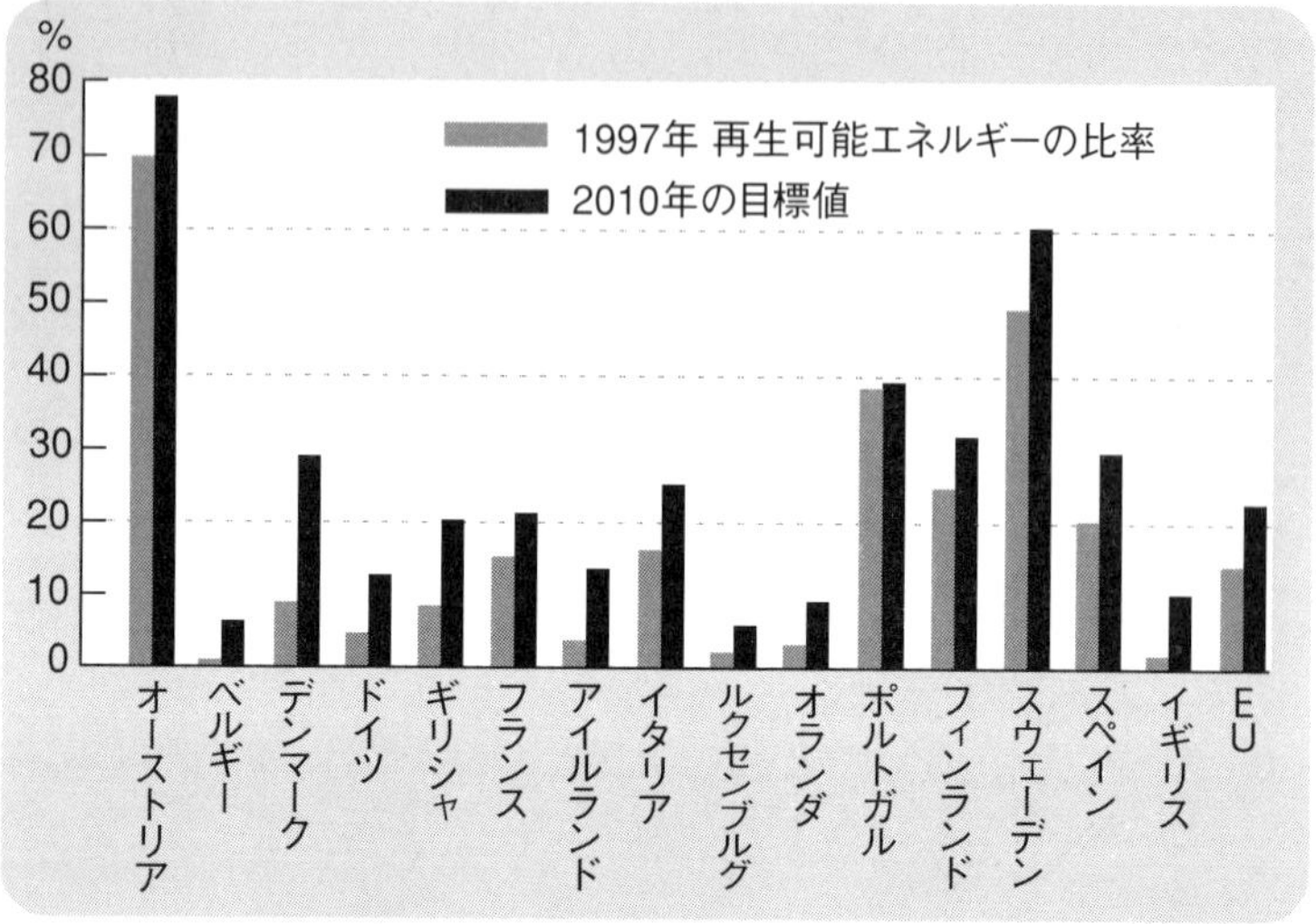

らない。世界はまさに自然エネルギーにシフトしようとしている中で、日本だけが進んでいない。「自然エネルギーなど不安定で当てにならない、子どもの玩具だ」などと無視している。さらに自然エネルギーの導入状況を各国ごとにみてみると、導入比率が増えている国ほど、先に電力需要の伸びを抑えている。その上で、従来の発電所を自然エネルギーに切り替えているのだ。日本の政策にとって必要なのは、まずエネルギーの伸びを抑えること、そして次に自然エネルギーに切り替えていくことである。

もしこのグラフを世界の常識と捉えるなら、日本の方が明らかに非常識なのだ。

第4章 カネの問題

私たちのカネの加害性

ぼくが最初に郵便貯金の問題に気づいたのは、『どうして郵貯がいけないの』（北斗出版、93年）という本を書いた頃のことだ。それまでは金利のことは気にしたことがあったものの、それがどう使われているかまでは考えてみたことがなかった。それから、仕組みのいくつかは変わったものの、郵貯・簡保・年金を原資とする「財政投融資」の使い道自体にはあまり変化がない。すなわち、高速道路、ダム・河口堰、原発・発電所、リゾート開発、スーパー林道、空港といった大規模な公共事業への投融資だ。海外に対しても同じだ。「カネ貸しＯＤＡ（政府開発援助）」の原資として、世界銀行や国際通貨基金（ＩＭＦ）への原資、日本企業の進出を応援する貿易保険や輸出信用などに使われている。

ぼくにとってそれらは、環境や人権の視点から問題にしてきた対象そのものだった。問題にしているのに、その資金自体を自分自身が提供してしまっている。たとえばダム建設を問題にし、あるダム計画を中止に追い込むことができたとしても、資金が提供されたままなら次のより優先順位の低いダム建設計画に向かうだろう。なぜならダム建設の予算は供給され続け、それは使わなければならないからだ。しかも私たちによってカネは供給されている。だからまるで「モグラ叩きゲーム」のように、ダム建設は今後もずっと続いていってしまう。それを止めていくには自分自身が貯蓄の方法を変えなければならない。貯蓄はただ単に金庫にカネを預かってもらっていることではなかったのだ。その資金は必ず投資され、その投資は必ず現実になって立ち現れる。確かに悪い使い道ばかりではないかも知れない。しかし財政投融資の資金は政府の政策と直結している。だから政府の政策に批判があるならば、その貯蓄は間違いなく批判したはずの政策を支援してしまっているのだ。

この結果、どのような事態を招いてしまっているのか、それをみてみよう。

途上国の貧困とＯＤＡ

先進国が「経済のグローバリゼーション」に浮かれているときにも、途上国は相変わらず貧困にあえいでいた。グローバリゼーションが地域経済を合理的なものにしていくことにつながれば、それは結構なことだ。世界中の人々が垣根を乗り越えてより安い地域からモノを輸入し、既得権益で儲けようとする古い業者を駆逐して、経済を活性化することにつながることだろう。

しかし困ったことに、途上国の企業も労働者も、そのグローバリゼーションに参加するための「カネという切符」を持たないのだ。この切符にはアリーナから一番下の外野席まであり、その順序は持っているカネの多寡で決まるのだ。外野席にも入れない途上国の人々は、インターネットで直販する術もなく、生きるか死ぬかの生活水準のまま過酷な競争に参加させられるのだ。そのためグローバリゼーションに乗り遅れた貧しいままの途上国の労働者は、先進国の同じ仕事をしている労働者の競争相手として世界市場の最前線に引き出される。一方に日当100円の途上国の労働者がいて、他方に日当1万円の労働者がいる。これが100円ショップに陳列されているような商品を通じて競争させられる。先進国の労働者の条件も徐々に途上国のそれに均《なら》されていく。

今、途上国の人々が一番困っているのが、巨額の債務の存在だ。サラ金地獄にはまってしまったのと同様に、債務の返済のために自国が持つすべての資源を売らされる。途上国を正しく定義すると「工業発展途上国」になるが、正に彼らには自前で工業製品を生産する手段がない。結果として彼らの売り物は原料に集中する。国内の資源と人を切り売りしてしのぐことになるのだ。

そうしたサラ金地獄にはまった途上国は、世界に百カ国以上ある。しかし残念ながら世界市場で取引される経済的な価値がある原料の種類は、もっとも信頼あるロイター指数でも、小麦、コーヒー、銅、羊毛、綿花のような30品目ほどでしかない。結局100を超える国が、同じ30品目ほどの原料を作って売って返済しようとするから、市場は値崩れを起こす。彼らは売っても売っても儲からない、手元には赤字しか残らない生産を強いられる。借りたのは「外貨」だから、輸出しなければ返済可能な通貨にならない。彼ら自身が食べたり着たりする日用製品を作っても、返済原資にはならないのだ。

この途上国に対して、世界で一番カネを貸し付けているのが日本だ。途上国への債務の返済を厳しく取り立てる、世界銀行とＩＭＦに最大の融資をしているのも日本。日本のＯＤＡの「プログラム援助」は、世界銀行とＩＭＦが途上国に押しつけている「構造調整プログラム」という返済計画に従わないと貸さないことになっている。簡単に言えば、借り手の途上国が貸し手の言いなりになって初めて「援助」するという代物で、現在の日本のＯＤＡの半分以上はこうした形で届けられる（図①）。

なぜ日本だけが「援助」と称して「カネ貸し援助」ばかりしてきたのか。実際のところ国の一般会計の予算（つまり税）で、援助することができなかったからだ。税金なら返済を求めない援助もできただろう。しかし税収は公共事業に使われて余裕がない。そのくせ国際的には、「大金持ち日本」として国際貿易で得た巨大な黒字の資金還流を求められる。そこで日本政府は、自分のカネ（予算）ではないカネをそれに充ててしまった。流用したカネが「郵便貯金」を中心とした財政投融資の資金だった。人のカネを使うのだから、相手からも返してもらわなければならない。この結果、日本だけが特別に、カネ貸しＯＤＡの比率が高い国になってしまったのだ。

図① 二国間ODA分野別配分の推移（文献：ODA白書2000年版より）

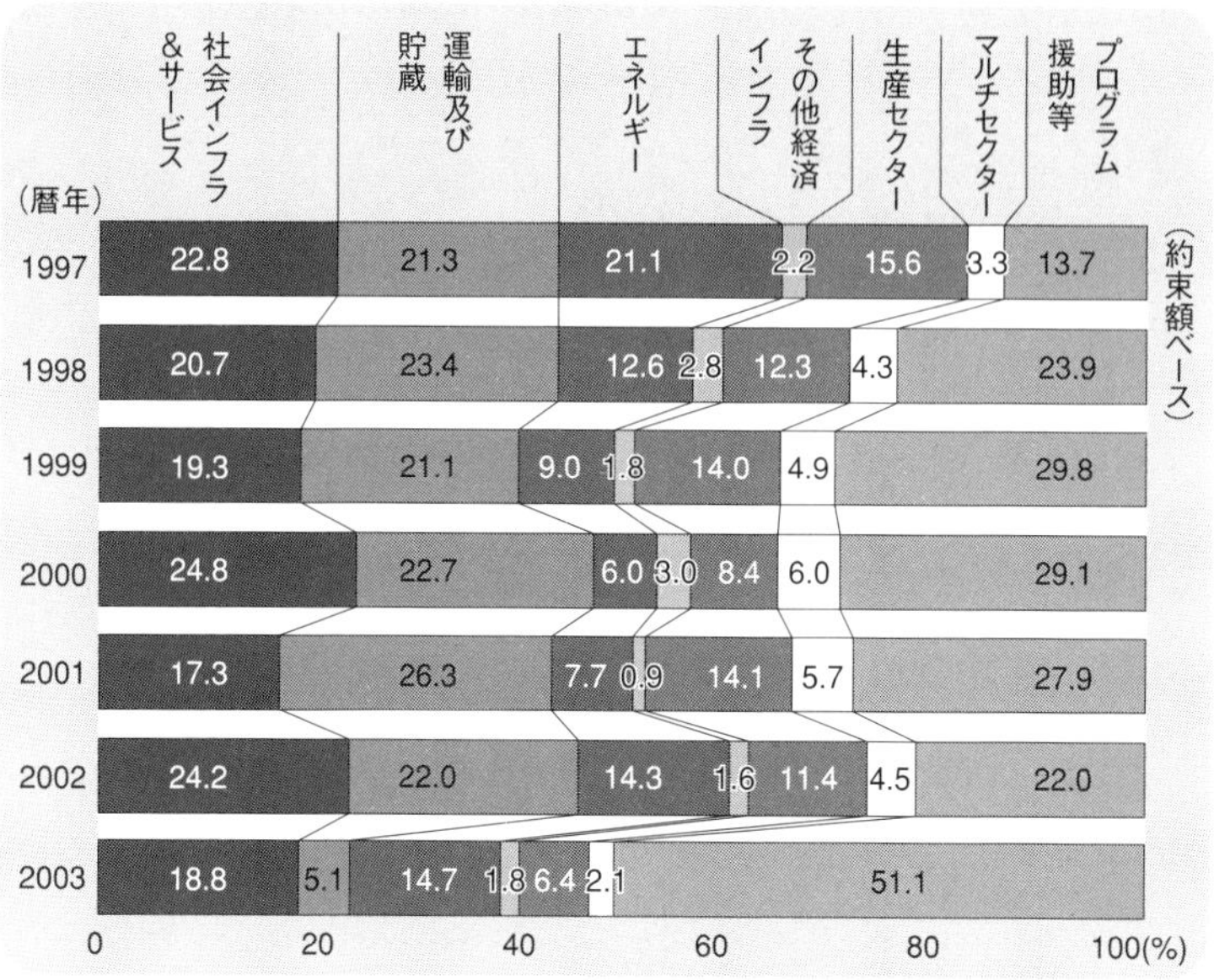

注：（1）プログラム援助には債務救済、食糧援助、緊急援助、行政経費を含む。
（2）東欧及びODA卒業国（すでにある程度豊かになった国）向け援助を含む。

そして今、未曾有の財政赤字状態に陥った日本政府は、ＯＤＡから手を引こうとし、２００２年頃から援助額を減らし始めた。すると奇妙な現象が現れてきた。日本がＯＤＡとして新規に融資する額を減らし、過去に援助した資金を回収しようとしたために、今や援助額以上の金額を、政府は「援助」の名の下に途上国から取り立てることになったのだ。貧しくて飢え死にする市民さえいるアルゼンチンのような国からも、ＯＤＡ債権の回収が行われている。しかも「返済はあなたの国の自立を促すためだ」という言い訳つきで。飢える人からカネを取り上げることが、なぜ「援助」なのだろうか。日本のＯＤＡは馬脚を現したと言えるだろう。借金を取り立てることが援助だと言うならば、この世でもっとも慈悲深い業種は、「サラ金取立て屋」だということになるだろう。これも私たちの貯蓄のなせる技だ。

国内開発と財政投融資

一方で国内の開発は、各地に奇妙な建造物を残して潰えた。北海道に工場群を夢想した「苫小牧東部開発」には、結局北海道電力が発電所を建てただけで、後は広大な灌木《かんぼく》の森と莫大な借金の山を残しただけだった。さらにある。この工場群に工業用水道を提供する予定だった沙《さ》流川《るがわ》の二風谷《にぶたに》ダムは、水を提供することもなく残された。二風谷ダムはアイヌの聖地とされていた土地を沈めて造られた。しかし土地が極めて平坦だったために、非常に浅いダムになっている。沙流川はそもそも「砂流川」の意味だったように、膨大な土砂が流れ込む。その結果、建てて数年で上流から土砂に埋まり始め、まだ10年経たないというのに、今やダム湖の半分まで土砂に埋まっている。結局のところ、地域でもっとも肥沃だった土地を沈めたということ以外に、何の意味もないダムになった。しかし沙流川には、さらに上流に平取ダムの予定がある。確かにこの土地は両側が狭まっていてダムを造りたくなる地形だが、地盤は弱く平坦で、何よりダムの必要性はすでになくなっている。こうした資金にも北海道東北金融公庫（現「政策投資銀行」）を通じて、私たちの郵貯など財政投融資からの資金が使われる。

図②　静岡空港の建設現場（2004年）

２００４年暮れ、静岡空港の建設現場を見に行った（図②）。現地の人の案内で入ると、空港予定地の広大な敷地の中には、未だに空港に反対する人々のたくさんの共有地が、そこだけ緑に覆われて残されている。台地状になった地形を上半分切り取る形で造られる空港は、世界でもっとも費用のかかる空港の一つである。

しかも場所が悪い。ぼくが乗っていった新幹線は、静岡まで１時間かからなかった。しかしそこから空港まで行くのに１時間かかった。空港は新幹線のトンネルの上に造られ、新幹線の駅を作ることを想定していたが、ＪＲとしては区間距離の短い静岡—掛川間に新駅を作るつもりはなく（みすみす客を奪われるのだ）、計画は現行の不便な状態のままになっている。計画予想では乗客数を171万人と考えているが[72]、航空会社の労働組合は実際には43万人がやっとだろうと予測する[73]。

こうしたムダで借金だけしか残さない開発にも、財政投融資、静岡県債を通じて私たちの貯蓄が使われる。これを私たちは指をくわえてみているしかないのだろうか。空港近くの島田駅には、「マウントフジ・エアポートと呼ぼう」という看板が出ているのがなんとも悲しい。

口先の希望と貯蓄先

アメリカのイラク戦争への軍資金を提供したのは、日本の私たちだ（33ページ図⑩参照）。日本が日中・太平洋戦争をしたときの資金もまた私たちの貯金だった[74]。戦争の資金に対して、税収からの国家予算で賄えたのは8分の1にすぎなかった。残りを支えたのが郵貯をはじめとする私たちの貯金だったのだ。

バブル崩壊の後、世間を騒がせていた地上げ屋が破綻してみると、農協系の金融機関や都市銀行に不良債権が相次いだ。つまり地上げ屋を支えていたのも私たちの貯蓄だった。ゼネコン疑惑で、ゼネコンが政治家に受注額の1～3％のキックバックを与えていたことが暴露されたが、その融資も救済にも私たちの貯蓄と税金が使われた。

一方農協は「農業の自由化反対」を唱えているが、その実、余剰資金は農林中金に預け、そ

図③　貯蓄と実現する未来

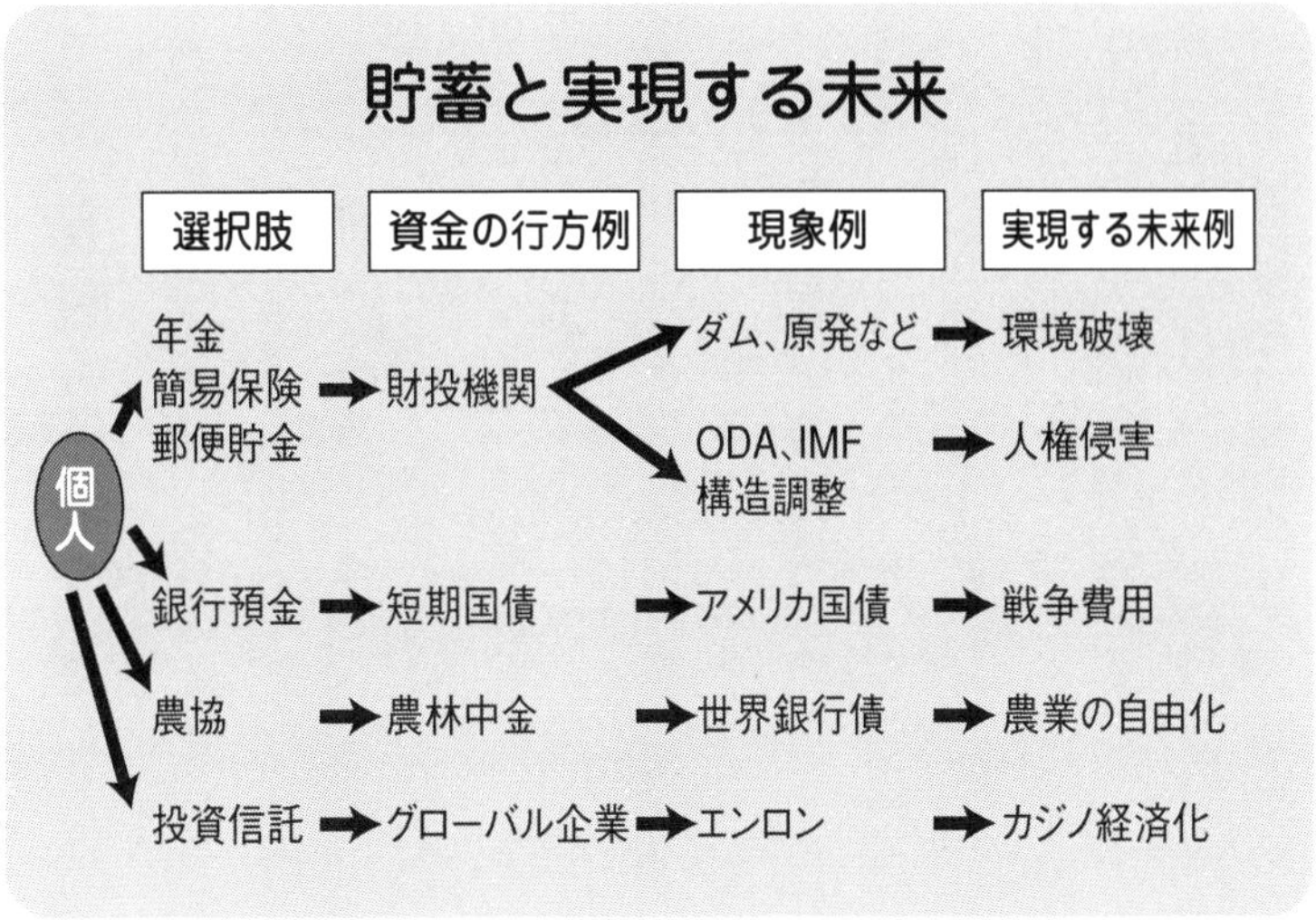

こから農林中金証券（今はみずほ証券に合併）という子会社を通じて世界銀行の債券を買っている。ホームページには高らかに「世界銀行債券販売の主幹事を務めたこともあります」とあったが、その世界銀行は「世界の農業の自由化を促進」する機関だ（図③）[75]。

　ぼくたちは口先で「平和が大事だ」と言う。しかし貯蓄は銀行に預けたままだ。口先で言っただけでは現実にはならない。どうせ本気でないのだし、無視しておけば足りるからだ。しかしカネで表現したことは現実になる。「口で表現したことは現実にならないが、カネでしたことは現実になる」というのが定理なのだ。こうして私たちの未来は、私たちの貯蓄した方向に向かって進んでいく。

社会的責任投資（ＳＲＩ）という運動

世界には、おカネを使ったさまざまな運動がある。

一つ目の潮流が「社会的責任投資（ＳＲＩ）」というものである（図④）。簡単に言うと、自分の貯蓄を使って意思を表明する運動だ。「社会的責任投資」のやり方には「ポジティブ・スクリーニング」と「ネガティブ・スクリーニング」の2つの方向性がある。

■ポジティブ・スクリーニング――「こうしたものに使ってほしい」と貯蓄先を選ぶ。いい省エネ製品を作った企業の株を買う、市民で出資しあって市民風車や太陽光発電の市民共同発電所を建てる、良いと思う政策を採る自治体、あるいは他国の債券を買う、というように個人でも簡単にできる。銀行の中でまともな資金運用をしようとしているところに貯蓄するのもいい方法かも知れない。ぼくは静岡銀行を密かに推していたのだが、静岡空港を支えていることを知って、推薦する気を失った。それでもまだ労働金庫や滋賀銀行もあるし、地域にはまともな信用金庫・信用組合もある。

■ネガティブ・スクリーニング――「環境破壊や人権侵害」を起こしている企業に対して、銀行が融資しないように圧力をかける方法だ。たとえばアメリカの市民が、かつての南アフリカのアパルトヘイト政策（人種隔離政策）に反対して、南アフリカに工場を進出させようとしていたアメリカ資本の自動車会社に対して圧力をかけるため、投資家として銀行からの融資を止

図④　社会的責任投資（SRI）の２つの方向性

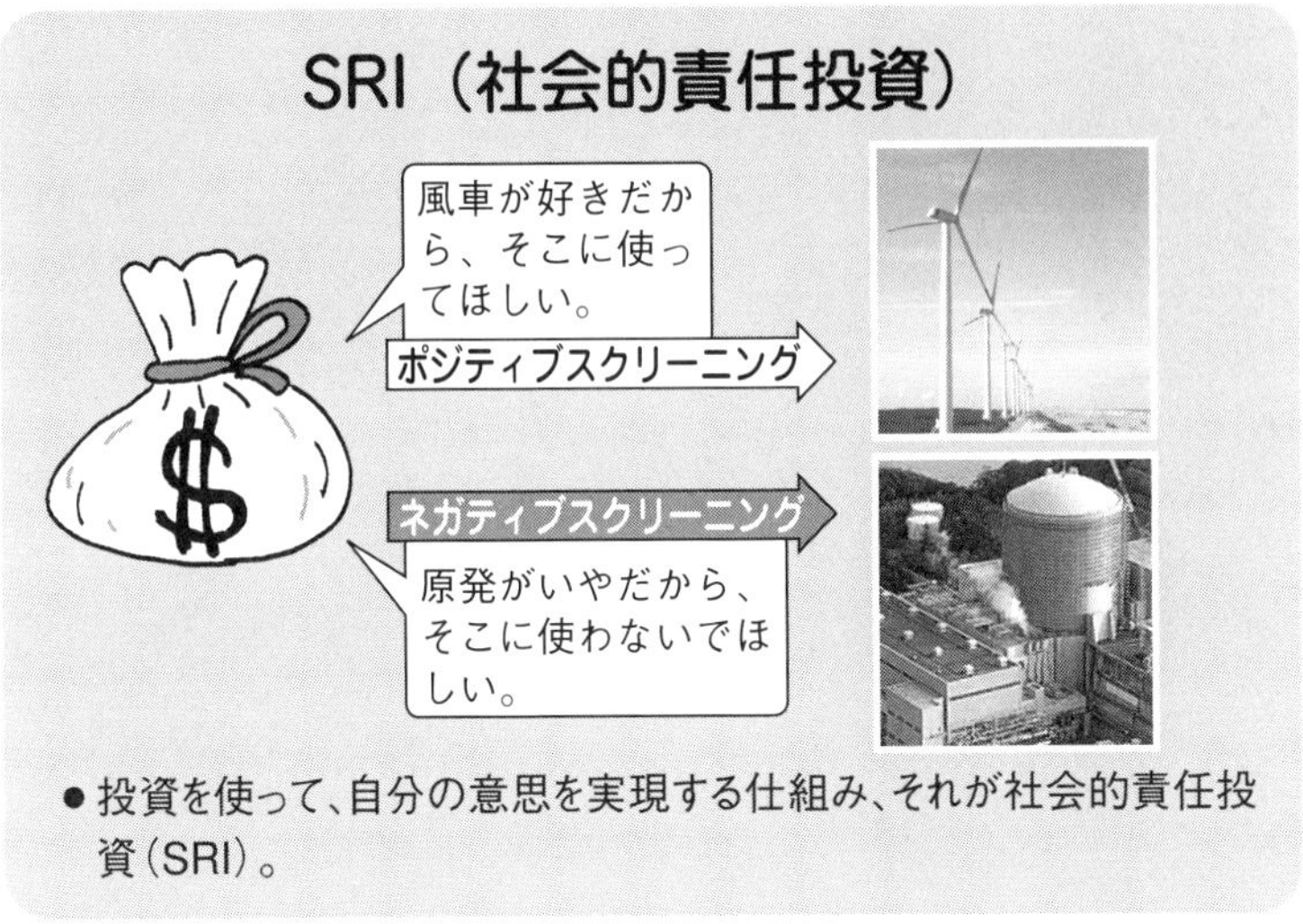
SRI（社会的責任投資）
風車が好きだから、そこに使ってほしい。
ポジティブスクリーニング
ネガティブスクリーニング
原発がいやだから、そこに使わないでほしい。
●投資を使って、自分の意思を実現する仕組み、それが社会的責任投資（SRI）。

めた事例がある。それはさらに「撤退しないと融資しない」と迫ることによって、工場撤退寸前まで追い込んだことがあった。その後、南アフリカは、１９９１年アパルトヘイト関連法廃止、94年総選挙実施によってアパルトヘイト政策を断念した。さらにアメリカには、軍事・原発・環境破壊などに関与している企業をリストアップして、そこには投資しない投資ファンドも存在する。[76]

実効性で言うなら、ネガティブ・スクリーニングの方が現実への効果が大きい。ポジティブ・スクリーニングではなかなか明瞭な基準が出せないために、国内の軍需企業や不祥事を起こした企業を入れていたファンドの例もあるからだ。日本ではネガティブ・スクリーニングの例はないと思う。また「社会的責任投資」の活動が始まった頃、新聞紙上で「ＳＲＩファンドは他より収益性が高い」という記事も出たが、平均して３割の損失を与えた今となってみると空しい話だ。

ぼくは思う。こうした社会的責任投資をする側から考えて、投資の見返りはそもそもカネではないのではないか、と。将来の環境や地域の人の生活支援、平和な暮らしや安心できる将来が見返りとして与えられれば、それで十分ではなかったのか。だとしたらこの日本でも、利益を目的としない新たなファンドを作っていく余地はあるだろう。

エコバンクという運動

２つ目の潮流が、エコバンクだ。80年代から、とくに欧州を中心として、「エコロジーのためのバンク」がいくつも登場した。ぼくたちも調べたのだが、すぐに調査する気力が失せた。というのは資金は集まるものの、「エコロジー」という眼鏡にかなう投資先が見つからず、全体として１割程度しか融資できていなかったのだ。残りの９割は、なんと融資先に困って国債を購入していた。ということは下手をすると、エコロジーな核実験にカネを投資することになりかねない。「エコロジーだけでは十分な投資先がない」という教訓を学んだ。

マイクロクレジット運動

３つ目の潮流が途上国の貧しい人たちへの小さな融資を中心として始まった、「小さな信用」

という意味の「マイクロクレジット運動」だ。そもそもはバングラデシュ・チッタゴン大学の経済学の教授だったモハメド・ユヌス氏が、「経済学を教えていながら、窓の外をみると貧しい人が倒れて死んでいく。これを救えない経済学に何の意味があるのか」と考え、1983年、「グラミンバンク」を作ったのが始まりだ[77]。

ユヌス氏は、学生たちと共に貧しい人々の生活を調査していたが、人々がカネに困って泣く泣く娘を売らざるを得なくなる金額が、わずか千円にも満たないことを発見する。それで貧しい人たちに五人組の連帯責任の輪を作らせ、低い金利でわずかな金額を融資し、彼らの預金先となるバンクを作ったのがグラミンバンクの始まりだった。それは大成功し、数年後にはバングラデシュ最大の銀行となり、多くの地域で貧しい人たちの支えとなった。

しかしその後が良くない。バングラデシュのグラミンバンクの成功は、国内にマイクロクレジットの乱立を生んだ。すると借受人は複数のバンクから借り入れる多重債務者となっていったのだ。それは五人組の制度のために共倒れを生み出した。さらに巨大企業となったグラミンバンクは、バングラデシュの携帯電話サービスを引き受け、携帯電話の資金を融資するグラミンバンクと陰口を叩かれるようになった。さらにはアメリカ・モンサント社との提携で、遺伝子操作作物の導入と農薬輸入をしようとしたことがあり、世界中のＮＧＯに叩かれて断念した経緯まである[78]。

一方でこの仕組みは返済が確実になる仕組みだと世界銀行などの国際金融機関[79]にも評価され、

世界的に真似られるようになった。この10年近い経過をみて分かったことは、「少額のカネに困っている人に融資する事業」(日本語に訳すと「サラ金」だ)が人々にとって良き支援者になるか、地獄からの使者になるかの分かれ目は、マイクロクレジットの運営の趣旨・金利・地域との連携次第なのだ。それのあり方次第で、「講」にも「高利貸し」にもなる。

地域通貨という運動

4つ目の潮流が、地域通貨の運動だ。これは日本では知らない人がいないほど流行しているが、世界では未だに知らない人の方が多い。というのは、地域通貨が実体経済に影響する形で成立つのは、インフレの激しい途上国だけだという現実があるからである。したがって先進国では、少数の、ほとんど趣味的な形でしか成り立っていない。

なぜそうなるか。そもそも経済がインフレになるかデフレになるかというのは、カネとモノとの相対関係の中で起こるものだ(図⑤)。カネの価値が上がって、モノの価格が下がるのがデフレ、モノの価値が上がって、カネの価値が落ちるのがインフレだ。インフレになれば当然、モノの値段が上がる。ということは、カネを握っていた人は損をしてしまうのだ。だから人々はカネを持ちたくなくて、極力モノにして持とうとする。

ぼく自身、1992年のブラジル会議に出かけて、初日に全額両替したために、3週間で所持金の4分の1を損したことがある。インフレというのはそういう社会だ。だから人々は貯金

図⑤　地域通貨とインフレ

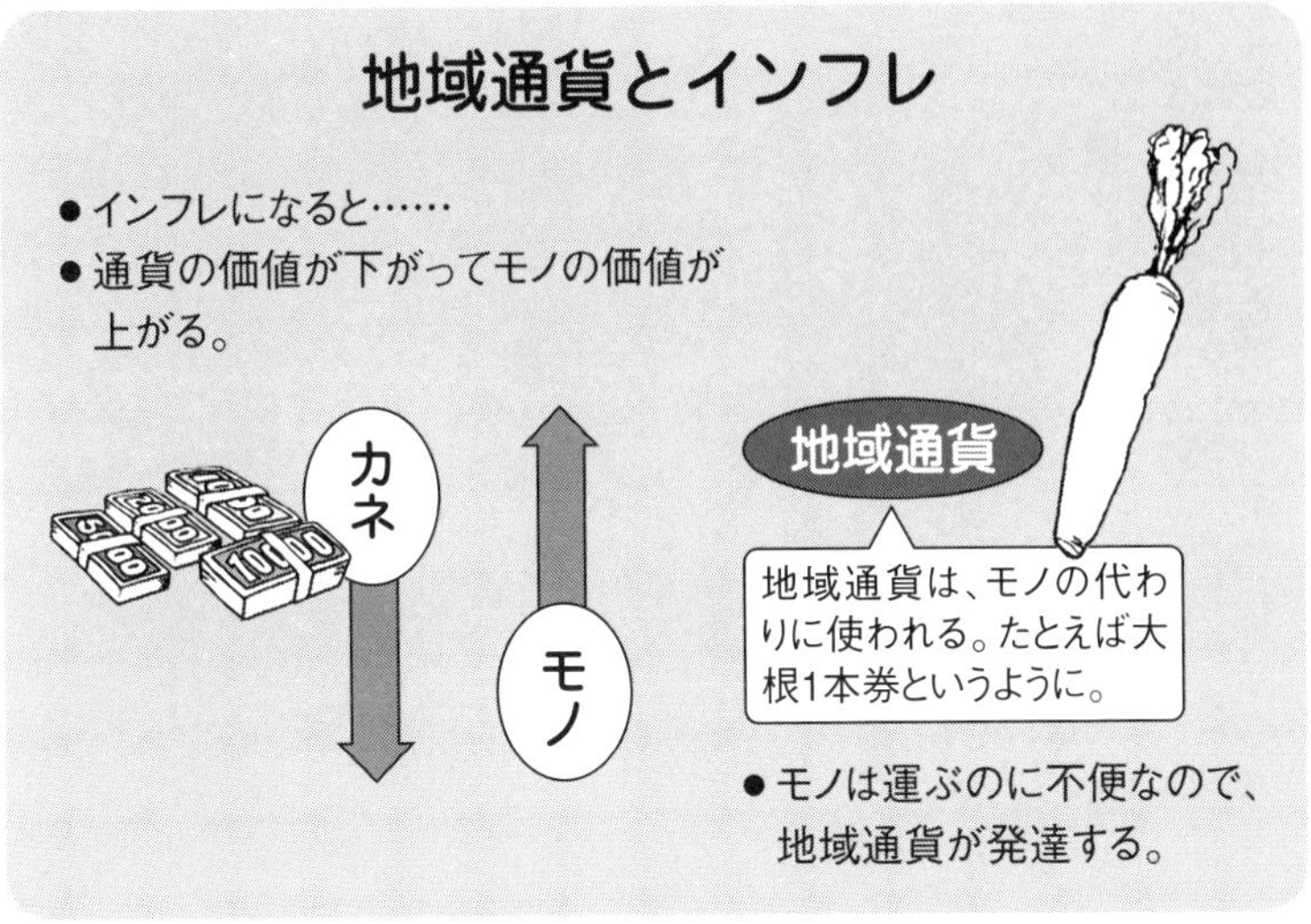
地域通貨とインフレ
●インフレになると……
●通貨の価値が下がってモノの価値が上がる。
カネ
モノ
地域通貨
地域通貨は、モノの代わりに使われる。たとえば大根1本券というように。
●モノは運ぶのに不便なので、地域通貨が発達する。

の代わりにモノを持つ。ブラジルの人はタンスを買っておくと言っていた。必要なモノができるとタンスを売って、すぐさま必要なモノを買うのだ。つまり、カネとして持つ時間が、短ければ短いほど損をしなくてすむ。だから彼らは、リオのカーニバルの衣装に全財産を費やしているように見えるし、日本人の倹約精神からすると「だから彼らはダメだ」という理屈につながりやすい。しかし価値が、「カネ」ほどには下がらない「モノ」に換えておくことは、経済合理性ある対応なのだ。

それにしてもタンスにして持つのも不便だ。運ぶのは大変だし、燃えるし、傷つく。そこでタンスの代わりに「タンス引換券」という証券にしておく。大根1本券でも床屋1回券でもいい。実物と引き換えられることを保証する証券によって、インフレに遭わない経済流通を可能にしていた。地域の中で、信用取引の手段として地域通貨を使うのだ。それをカネ（国家通貨）に変えずに交換した方が、インフレの被害に遭わない。地域通貨は実際的な知恵なのだ。そのため地域通貨は、インフレの激しい地域で自然発生的に起きていた。インドの友人は「そんなことは当たり前だ」と説明した。地域通貨はモノの価値と一緒に動く通貨なので、インフレのときに発達する。面白いことに地域通貨は、以下に述べる非貨幣経済の一種で、等価交換であるために搾取がない。

「市」という運動

５番目に紹介する運動は、「市《いち》」だ。これは直接、おカネの運動と言うわけではないが、非貨幣経済という目に見えない経済範囲の運動で、効果は非常に大きい。タイ東北部のイサーンと呼ばれる貧しい地域で行われた例を紹介しよう。(80) それまでのイサーン地方は、ごく最近になって農民が入植した土地であるために独自の経済圏がなく、農家は生産物を首都バンコクから来る仲買人（バイヤー）に売り、必要なものは同じバイヤーから買っていた。安く売って高く買うから、借金して生産することも多く、非常に困難な生活を強いられていた。

そこで農民がやったのが「朝市」だった。近くの農家が作った生産物を持ってきて市で売り、また近くの農家の生産物を買って帰るというだけのことだ。しかし「市」で売り買いしていると、自分のカネが減っていかないのだ。よくよく考えてみると、「市」で行われているのは、「カネ」を尺度にした物々交換だ。農民は生産物を持ってきて、他人の生産物を買って帰る。モノを持ってきてモノを持って帰るのだから、物々交換しか起こっていない。「市」で生産物をカネに変えたとしてもまた別の機会にその「市」でモノと交換するから、結局は「時間のずれた物々交換」だ。

「市」で売り買いすることで暮らしが成り立つと、売るときバイヤーに搾取され、買うときバイヤーに搾取されるという二重の搾取がなくなる。借金をしなくて暮らせるようになった。こうして一つの村で始まった「市」は、またたく間に周囲に広がっていった。

「市」のような非貨幣経済は、途上国では非常に一般的である。たとえばマレーシアの貿易依存度を調べたときに、輸出入ともに4分の3が貿易依存の経済であると数字は語っていた[81]。しかし現実のマレーシア人は、地場の生産物を食べ、地場の経済で生活している。日本の経済の仕組みと何が違うのかと言えば、貨幣にカウントされる経済ではないという点だ。貨幣ではカバーされる以前の、等価交換や相互扶助などの非貨幣経済の部分が大きいのだ。

だから「一日1ドル以下の収入で生活している」ことと、「貧しい地域」とは必ずしも一致しない。貨幣にカウントされない経済が存在するからだ。逆にみると、すべてが貨幣にカウントされてしまう経済になればなるほど、人々の暮らしは貧しくなる。おカネがないことが即、食べ物が手に入らないことになる。日本の農家のように、必ず生産物は農協に売り渡し、必要なときはコンビニから購入する暮らしが、豊かな生活にならないのと同じように。

そうすると、途上国の経済が国内総生産（ＧＤＰカウント）で増えたということは、必ずしも豊かさが増したことを意味しないことが分かる。さらに言えば、途上国のＧＤＰカウントは経済の発達を意味しない可能性がある。単にそれまで生産していたものを、市場に売らざるを得なくなった、買わざるを得なくなっただけの違いで、経済活動そのものはまったく発達していないのにＧＤＰのカウントだけが増えた可能性もあるからだ。

地域資金の「バケツの穴をふさぐ」こと

いま紹介した「市」には、地域から都市にこぼれ出る資金の、「バケツの穴をふさぐ」効果もある。「市」には地域通貨と同じように、地域での資金循環をもたらす効果があるからだ。先ほどの例で言えば、イサーン地方の住民の財布には穴が空いていた。首都バンコクから来るバイヤーによって空けられた財布の穴を通って、おカネが首都バンコクにこぼれ落ちる仕組みになっていたのだ。この穴をふさぐだけで、地域の人々の資金は減らなくなる。

同じことは日本にもあり得る。ぼくが日本の金融に問題があると感じるもう一つの理由はここにある。実際、せっせと貯蓄している人たちは地方にいる。しかしその貯金は、郵貯や都市銀を通じて東京に集められる。その資金の使い道は、東京の側が決めるのだ。不思議なことにそれが地方に戻されるときには「公共事業」と呼ばれ、そもそもは自分たちの出していた資金なのにありがたく受け取る仕組みになっている。国会議員のセンセイがコウノトリのように「公共事業」を運んできて、そのまま不必要なハコモノと借金を残していく。仕事の元請もまた都市の大企業だ。地方の人々は下請け、孫請けの仕事にありつくだけだ。

自分たちの貯蓄なのに、なぜ自分たちで使い道を決められないのか。もっとカネがかからず、有益で、地域の将来のためになる事業だってあるだろうに。自分たちのカネは自分たちの地域で集め、自分たち自身で、自分たちのカネの使い道を決めることができないものだろうか。金融も自然エネルギーと同じように、地域分散型にした方がいいと思うのだ。

金融ビッグバンの本家アメリカには、「地域再投資法[82]」という仕組みがあって、一定割合を地域に投資するよう義務づけている。日本が金融ビッグバンを真似たときは、なぜかこの義務づけを忘れたようだ。地域を大事にするというのは、「郷土愛」というような空論ではなく、実際にその土地と人々の将来に、何を残せるかを考えることだ。外からカネを持ってくることを考えたり、どこかで成功したモデルを移入したりするのではなく、まず自分たちで決める仕組みを持たなければ話にならない。そのためには今自分たちが持っている資源を、失わない方法を見出さなければならない。実際、「省エネ」の対策と同じように、新たなものを付け加えようと考えるより、今ある「財布の穴」を探して、それをどう埋めるかを考えた方が効果的なのだ。

複利計算という虚構

さて、借金と言えば金利がつく。たとえば今、ぼくの持っている百円玉をみなさん一人ひと

図⑥　100円借りて、金利3%でいくら支払うか？

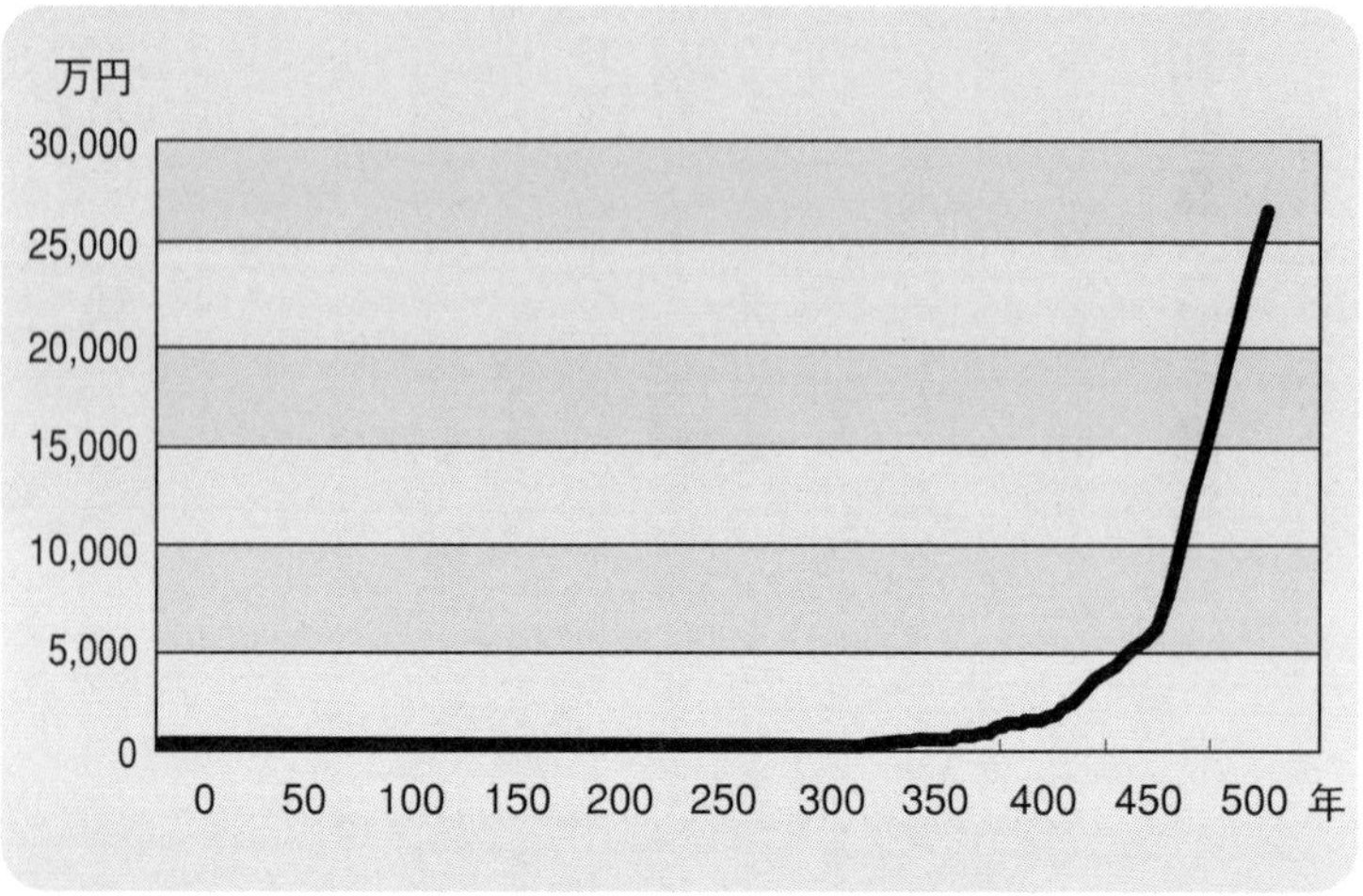

りに融資する。わずか3％の複利の金利で。ではみなさんの子孫が、500年後にぼくに返さなければならない金額はいくらになるだろう？

答えは2億6000万円（図⑥）。

天文学的な数字になる。これが複利計算のトリックだ。利子がつくたびに元本に組み入れられ、それが新たな元本になる。利子が利子を呼び、長期になればなるほど巨大な負担（逆に見れば利益）が生まれる。もしこれが単利計算だとすると、毎年3円しか増えないから500年かけても1500円、元本と合計しても1600円だ。図⑦は200年後の単利と複利の差だ。

困ったことに経済学上の計算は、すべて複利計算になっている。サラ金や銀行だけでなく、経済成長率も複利で計算される。しかし

図⑦　100円借りて、金利３％でいくら返すか（単利と複利）

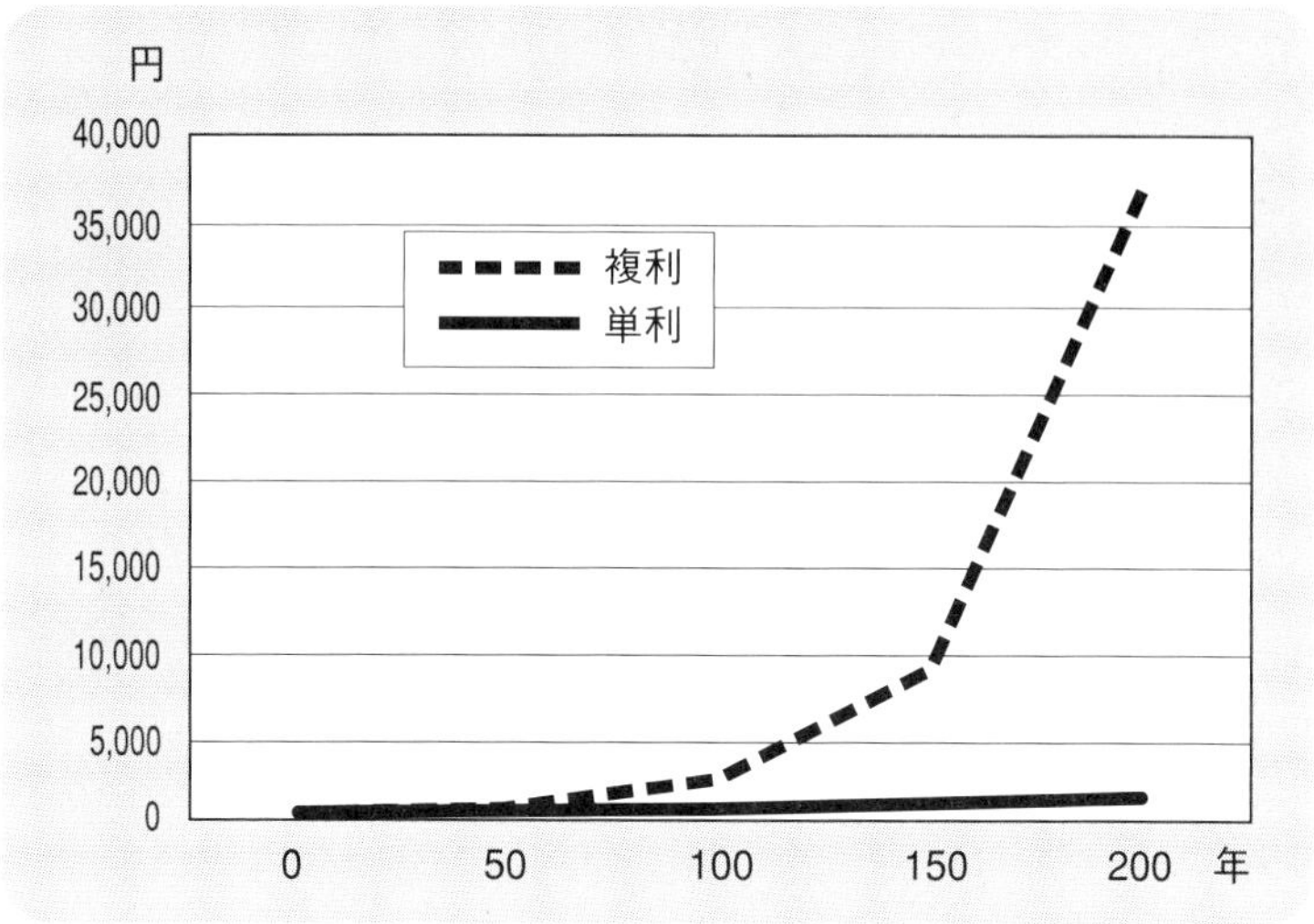

これは数字が無限だという前提での話だろう。現実には、たとえば土地は毎年、広がらないし、雨や日照時間だって有限だ。販売先にしても有限だ。必ず生産は天井にぶつかる。そのため、複利で借りたカネで生産すれば、必ずどこかで支払いが行き詰まってしまう。複利計算のように生産も増えるように見えたとしても、それは条件が限界に届くまでの間だけだ。有限世界の中では、生産物は最終的に単利でしか増えない。

　困ったことに虚構である経済学上の複利計算が、現実の経済のなかで大手を振って実行されている。経済学上は無限、現実は有限の世界だから、どうしても数字と現実との間に亀裂が生じる。このギャップを埋めるために動員されるのが人間の過剰な酷使であったり、環境破壊であったりするわけだ。それはサラ金地獄に陥った人のようなものだ。毎年増加する借金のために身を粉にして働き、それでも返せないとなれば、臓器売買や死亡保険金での返済を考えるしかなくなる。農家であれば、どんなに環境や人体に悪影響があろうと収穫が増えるものを選ぶだろうし、サラリーマンであれば過労死するほど働くことになるだろう。そのサラ金地獄に会社そのものが陥ることもある。そんな社会の仕組みの中で、「地球環境保全」などという言葉が耳に届くとは思えない。

ということは、複利計算を前提にした経済の仕組みは環境破壊的・人権侵害的であるか、もしくは通貨そのものが百年以内に1回破綻することを前提にした経済ということになる。これは非常に愚かな仕組みではないだろうか。

ではどうしたらいいだろう?

第5章
別なカネの使い方

未来バンクの誕生

環境と金融の仕組みから世界のカネを使った運動まで調べた後、ぼくらがめざしたのは自分たちで運用する金融の仕組みづくりだった。本当は既存の金融機関にやってもらいたかったが、あれこれ折衝してみたものの、新たな発想の融資などへと進むような時代ではなかった。金融制度の法規を調べた上で到達したのが、貸金業登録（サラ金と同じ制度）による非営利バンクの設立だった。資金は自分たちだけのもの（出資した組合員からの資金）を利用し、銀行など金融機関からは借りない。融資先は環境だけでは十分ではないので、福祉と市民事業（ＮＰＯのように自分たちで社会作りをめざすもの）の３つにする。金利は３％の固定。１％は事業の事務費として考え、残り２％を貸し倒れ引当金に準備する。つまり１００人に貸したら２人位は返せなくなるだろうと考えたのだ。

非営利の法人格は１９９４年当時、まだ「ＮＰＯ法」すら存在しなかったので取らず、民法上の組合契約にした。出資した組合員からの資金を、組合員だけに融資する互助的な団体にし、融資は出資金の10倍まで、一時的な「つなぎ融資」の場合には１００倍までとする。融資の審査は理事会で決めることとし、理事メンバーは総会での承認を受けることとした。議決権は出資額1円1票とし、出資リスクに合わせた投票権とすることとした。

組合員には出資しても戻らないリスクがあることを明瞭に表示し、その人の持っている資産額の1割以上は出資しないでもらいたい旨を説明した。配当はほとんど困難であることを明示し（その後総会で、配当できる資金ができる状況になりそうだったら、金利を下げていくことを決議している）、出資した見返りは環境や福祉・市民事業の進展以外にないことを説明した。

大体、以上のようなことを取り決めた。こんな条件で一体誰が出資するんだろうか、と自分たちでも苦笑したほどだ。そして自分たち7人ほどで４００万円を出資し、未来バンクを始めていった。周囲からは「そんなことをして何になるのか」「すぐつぶれる」という声が聞こえ、自分たちでも「そうだろうな」と思いながらのスタートだった（図①）[83]。

未来バンクは大きくなることをめざしていない。むしろ小さいままでありたい。なぜなら資金需要は環境・福祉・市民事業に限らずあり、しかも貯蓄額は地方の人の方が多いのだ。ということは、地方の各地に「未来バンクのようなもの」を作ってもらい、金融の地域分散・地域自立をめざした方が趣旨に合う。大きなバンクではなく、「小さなバンクを各地に」が望ましい。そのため定款にも、「他地域で作ろうとする動きに対して助力する」と書き入れた。

図① 未来バンクの作り方

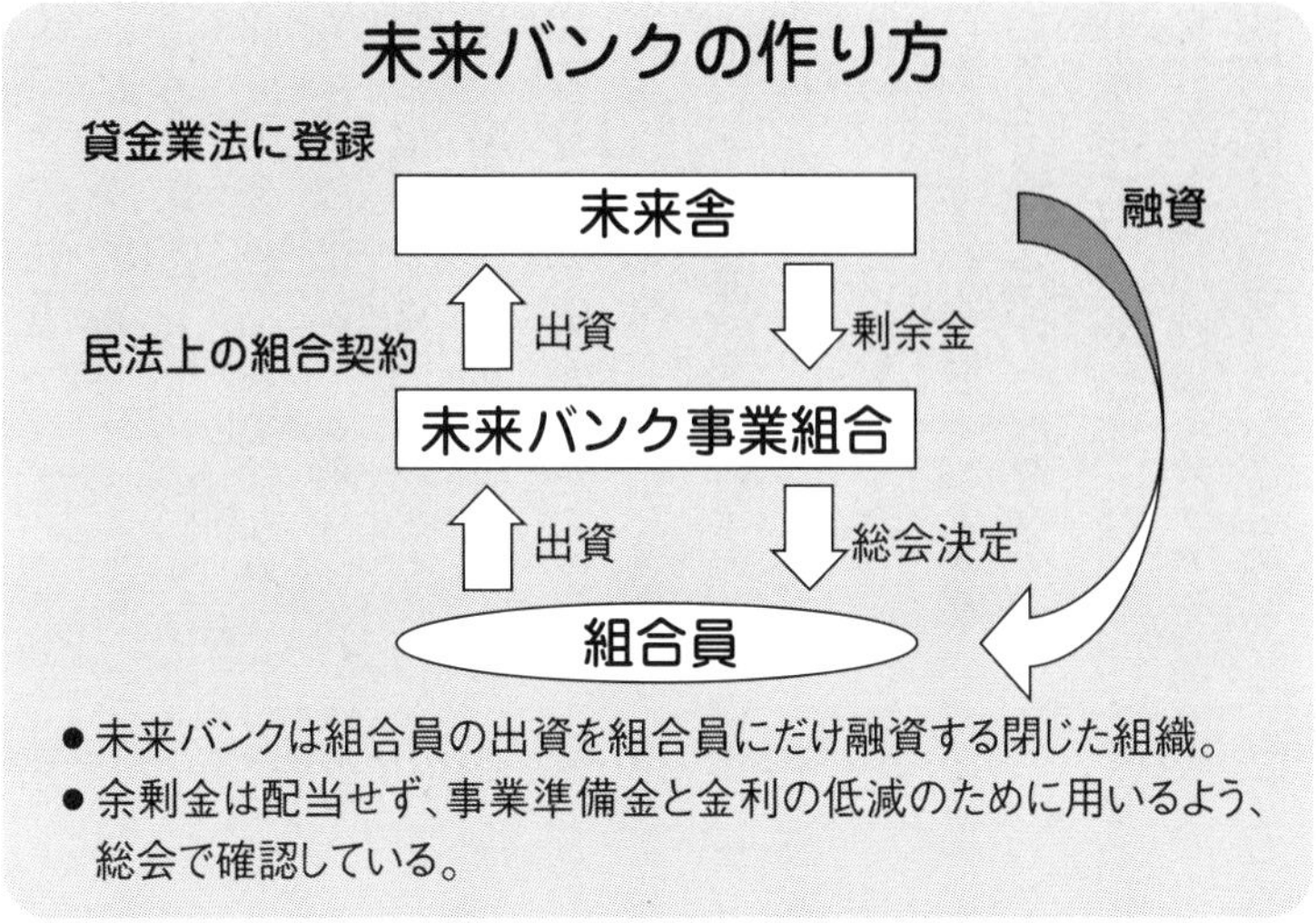
未来バンクの作り方
貸金業法に登録
未来舎
融資
出資
剰余金
民法上の組合契約
未来バンク事業組合
出資
総会決定
組合員
●未来バンクは組合員の出資を組合員にだけ融資する閉じた組織。
●余剰金は配当せず、事業準備金と金利の低減のために用いるよう、総会で確認している。

意外な資金需要

当初は資金が少なかったから、「つなぎ融資」のケースが多かった。たとえば太陽光発電設備を、助成金を受けて設置することにしたが、助成金が出るまでの3カ月間だけ貸してほしいというような融資だ。その次に、市民団体からのつなぎ融資の申し込みが増えていった。たとえばＮＰＯが事業を自治体から請け負ったが、支払われるのは翌年度末になるので、それまで融資してほしいという形の案件だ。

その中で、「自分の子どもがアトピーで苦しんだことから、天然酵母を使った自然食のパン屋をやりたいが、銀行に話したら夫の名義でなければ貸せないと言われた」という相談を受けた。初めての個人営業の長期融資の申し込みだった。リスクはあるのだが、誠意は感じられるし、事業に社会的意義もある。この事業に融資を実行したあたりから、あちこちから事業資金としての融資の要望が寄せられるようになった。

当時は資金量が十分ではなかったから、出資してくれる人がほしかった。友人に出資を頼みに行ったこともある。未来バンクが雑誌やラジオに紹介されると、決まって鳴り続ける電話は融資を希望するものばかりだった。しかしそうしたメディアで情報を得た人たちからの融資希望には、融資できるような案件はほとんどなかった。人づての紹介もあったが、紹介者自身が保証できないほど不安なものが多く、紹介者が連帯保証するものでなければ困難だと論議したこともあった。「もっと儲かる投資方法がある」というような、詐欺師のたぐいも一通り訪ねて来た。「いや、未来バンクはまったく儲けに興味がないのだ」と言ってもなかなか分かってもらえなかった。

未来バンクよりはるかに大きな企業からの融資希望も多い。しかし営利企業からは、どうも「踏み倒しやすい存在」と見られているようだ。なぜならもし本気で融資を受け返済する意思があるなら、銀行から融資を受ければ足りる。未来バンクに相談すること自体が妙なのだ。

試行錯誤を続けるうち、エコ住宅への融資や、映画作りの融資も実行した。映画製作の資金を検討したときには融資リスクが高すぎて、相手の希望額にとても応じられなかった。そこで組合員に呼びかけて、「未来バンクとしては一切保証できないが、映画製作のための融資希望がある。ついては出資金を担保として提供してくれるなら、未来バンクは出資担保額の8割まで融資しようと思う」と伝えた。その結果、映画製作に足りるだけの出資額の担保提供の申し出が組合員からあり、無事融資でき、映画も完成した。後日、その映画が「キネマ旬報特別賞」を受賞したことは、我が事のようにうれしかった。

ごみのリサイクルに向けた受託事業への融資もあった。水を浄化する実験を自治体と行うつなぎ融資もあった。河川や海のクリーンアップ、自然エネルギーの実験プラント、福祉施設の建設や運営、介護や生活の場の提供もあった。たくさんの融資対象があって、その一つひとつを審査、実行するなかでぼくたちは学んできた。

新たなバンクの広がり

現時点では、実行している融資の総額以上に出資額が集まっている。むしろ安心して融資できるところが多くないことが問題だ。理事そのものも増えた。参加したいという人の中から、徐々に理事になってくれる人が出てきている（図②）。

未来バンクを始めて10年が経とうという頃になって、各地に未来バンクのような「市民立の非営利バンク」を作ろうとする動きが始まった。そもそも未来バンクが誕生する以前から、優れものの融資機関がある。たとえば岩手の信用生協[84]。ここはサラ金など「多重債務者の救済」という重いテーマを解決するために活動している。現在では県からの補助もあり、出資額も13億

図②　未来バンクの融資実績

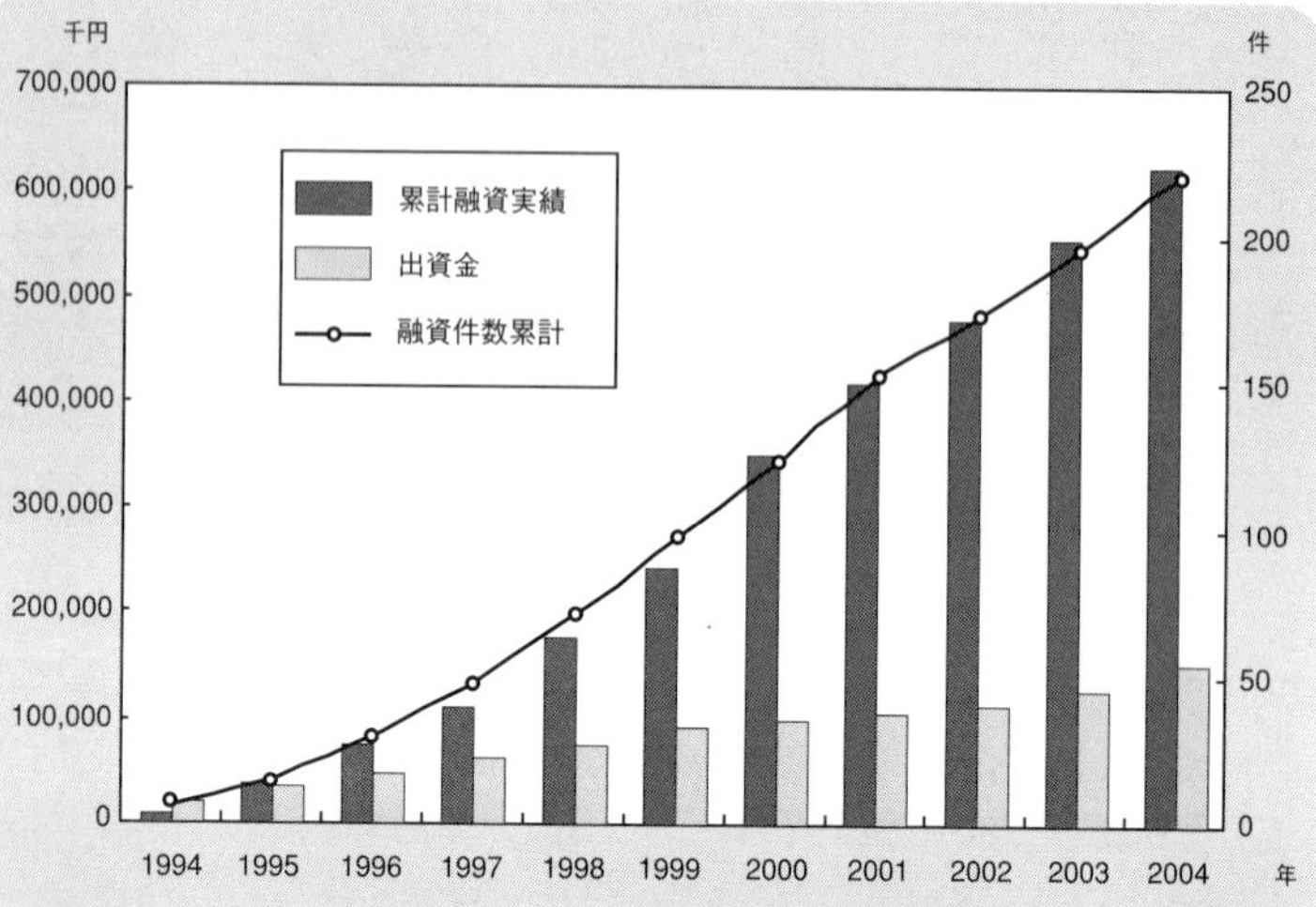

- 未来バンクは94年に7人400万円で始めたが、今では1億3千万の出資額を持ち、累計で6億円以上を市民に貸した。
- 貸し倒れゼロ、引当金は、700万円。
- 金利3%の固定、環境・福祉・市民事業にしか融資しない。

円と、信用の高さに伴って伸びてきている。あるいはクリスチャン団体内の「日本共助組合[85]」。ここは信者がサラ金に走らないように自分たちで消費者向けの金融を行っている。その仕組みをぼくたちも大いに参考にさせてもらったところだ。ぼくたちが学ばせてもらったように、未来バンクもやり方を公開し、新たな仕組みづくりの喜びを心から共有したいのだ。

　神奈川に「女性・市民信用組合設立準備会（WCC）[86]」が設立され、「北海道NPOバンク[87]」が生まれ、長野に「NPO夢バンク[88]」が発足した。東京に「東京

図③　ap bankの作り方

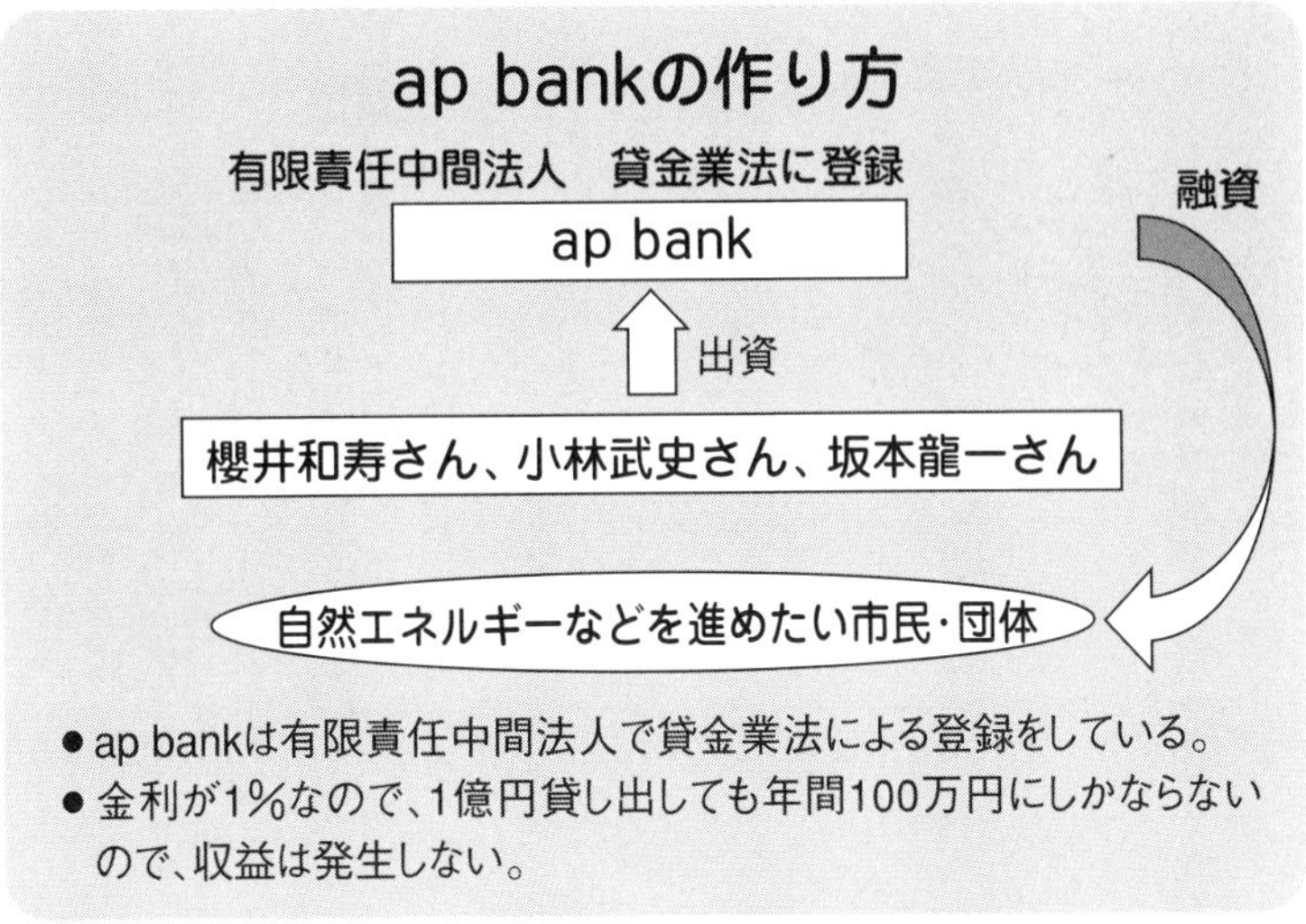
ap bankの作り方
有限責任中間法人　貸金業法に登録
ap bank
出資
櫻井和寿さん、小林武史さん、坂本龍一さん
融資
自然エネルギーなどを進めたい市民・団体
●ap bankは有限責任中間法人で貸金業法による登録をしている。
●金利が1%なので、1億円貸し出しても年間100万円にしかならないので、収益は発生しない。

コミュニティーパワーバンク[89]が生まれ、さらには２００３年、「ap bank」[90]も誕生した。ap bankはMr.Childrenの櫻井和寿さん、音楽プロデューサーでもある小林武史さん、そして音楽家の坂本龍一さんらが私財を提供して、環境などをテーマに融資するバンクだ。この設立には未来バンクも協力し、融資のスキームには未来バンクで学んできたことの枠が入っている（図③）。

たとえば未来バンクで融資するとき、プライバシーとして融資先を明かさないことにしてきたが、むしろ融資を受けた側が「未来バンクから融資を受けた」と公表している。ならば逆に公開を前提にした方がいいのではないか。また、未来バンクは組合員からの資金を組合員に融資している都合上、組合員として返済しないことは心苦しい気持ちになるのだが、ap bank の場合にはそれがない。したがって返済を確実なものにするために、ホームページ上で返済状況も公表することにしてはどうか。未来バンクを設立するときには非営利活動の法人格は公益法人以外になかったし、ＮＰＯ法すらなかった。しかし現状では中間法人法があるのだから、有限責任中間法人にしてはどうか、などである。

ap bankの楽しさ

ぼく、そしてたぶん未来バンクの理事たちにとっても、ap bank のメンバーと話すのは楽しい。個人的に好きだということもあるだろうが、とにかく素敵なメンバーなのだ。櫻井さんはいつも「ぼくを買いかぶらないでください」と言う。「ぼくは優さんと対談したとき、なに喋ったか全然覚えてないんですよ。ちょうどそのとき曲が頭の中に浮かんでいて（あのレコード大賞を受賞した「Sign」だったそうだ）、緊張を持続してないと曲のイメージを忘れちゃうもんだから、上の空だったんです」。

あるとき彼に聞いてみたことがある。「言葉にするのと音楽で表現するのと、どっちが楽？」

「そりゃもちろん音楽ですよ、コンサートでＭＣでなに喋ろうかと考えるだけで憂鬱になっちゃって……」

そう、彼にとっては音の世界が表現の中心なのだ。しかしその彼がap bank の活動を楽しんでくれている（図④）。

図④　ap bank のホームページ（文献：90）

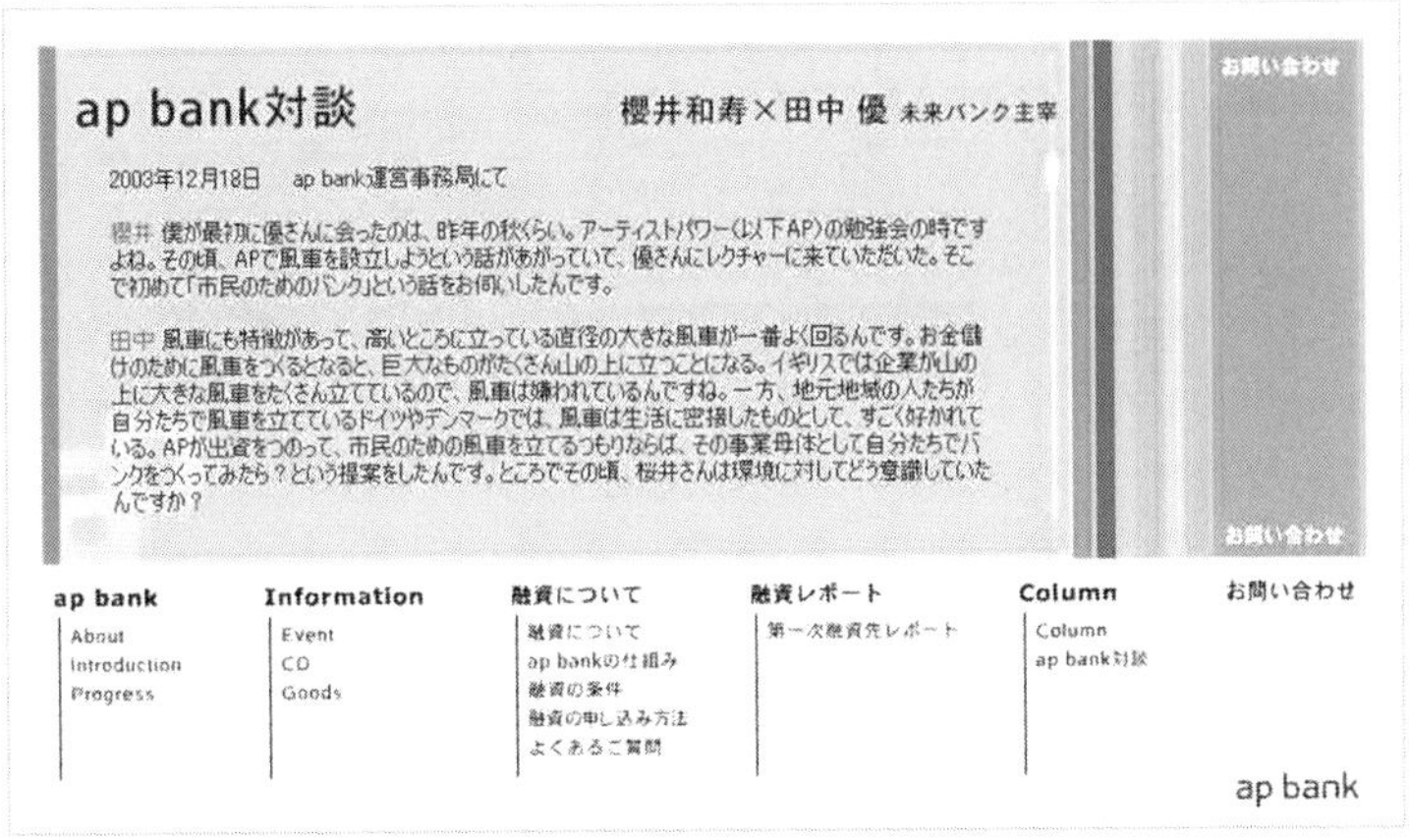

一方の小林さんはものすごく思慮深い。動物的な直感でもあるのだろうが、ピントを外さないのだ。ぼくには彼の音楽プロデューサーとしての実力は分からないが、彼自身の生き方そのものがプロデューサーなのだと思う。まず相手をみる。そして相手が本当にしたいことを引き出して、それを社会の中で実現していく。そのこと自体が彼の楽しみなのだろう。いつも活動を楽しんでいる。「ぼくは櫻井がバンクやってみたいっていったときに、それが一番自然だと感じたんだ。ぼくらの有名性を利用して何か華々しいことをやってみたって一度きりで終わっちゃう。そうじゃなくて、それぞれの人が自分の可能性みたいなものの中から何かしようとして、そこにぼくらが手伝うことができるんだったら、その方がずっといいと思うんだ」と。

櫻井さんは「ぼくはたまたま人気が出て成功し

てて、経済的にも恵まれて……。でもこんな収入を得てしまったら、いつか罰が当たるって思ってた。そうしたら病気になっちゃって、ぼくは罰が当たったんだと思ったんです。ぼくのＣＤを買ってくれたファンの人たちからのおカネを、何とか還元したくて。それがバンクになったんで、それ以来ぼくはなんだか、再び音楽を純粋に楽しめるようになった気がする……」と言う。小林さんは「ぼくは櫻井の言う罪悪感は、あまり持たないけどね」。

彼らに会わせてくれたのは坂本龍一さんの紹介だった。坂本さんはとても博学で、しかも短い言葉で適切なアドバイスをくれる。この本をこんな形で書いているのも坂本さんのアドバイスのお陰だ。しかし面白いことに、坂本さんもまた音楽で表現する方が楽な人だ。言葉自体も面白いのだが、彼としては時間がかかる上にフィットしない気分らしい。坂本さんもまた、人前で話すのが苦痛だという。

ぼくは思うんだけど、こうした人と人のコミュニケーションの中に、生きている楽しさ、実感がついてくるのだろう。融資の作業は、借り受ける人を含めて楽しいコミュニケーションを生み出す場なのだ。だから「融資は楽しい」といえるのかも知れない。

金融をわが手に

こうして金融機関とは違った方法で融資を実現していくなら、ぼくの考えで言うと、２つのいいことが起きてくる。

１つは目これまでの良くない融資に加担しなくてすむようになるということだ。これにはさらに副産物がある。既存の金融機関が別なあり方を模索しだしたということだ[91]。ＣＳＲ（企業の社会的責任）のレポートを作り出したり、これまで歯牙にもかけなかったＮＰＯへの融資を実現しようとしたり、こんな小さな未来バンクにまで相談が来たりする。２００５年３月、信用組合、信用金庫、労働金庫、農協の任意の集まりの「協同金融研究会シンポジウム」で、こういうやりとりがあった。

ぼくが「ＮＰＯに融資するために、ＮＰＯに審査を委託して融資を実現してはどうか」と言うと、ある信用金庫の理事長は「実現させてみたい」と答えたのだ。こうした足がかりを得て、預金者の希望に沿う金融機関を実現していける可能性も出てきているのだ。

２つ目は自分たちのカネを使って、自分たちの進めたい事業に、資金を提供することができるようになるということだ。ぼくたち未来バンクが感謝されたことがあるとしたら、こうしたバンクがあったことで、資金の調達ができるようになったということだろう。実際には融資の審査は厳しいし、決して簡単に融資しているわけではないのだけれど、それでも市民の事業を応援できていることは率直にうれしい。

ちょっと現実の場面での適用を考えてみよう。たとえば先に説明した「省エネ冷蔵庫」に例をとろう。同じ４００リットルサイズの冷蔵庫だった場合、買い替える前の冷蔵庫は大体１２００キロワット時の電気（10年前の製品）を１年間に消費していたことになる。それを省エネ

図⑤　省エネ冷蔵庫購入に融資（文献：92）

省エネ冷蔵庫購入に融資すると

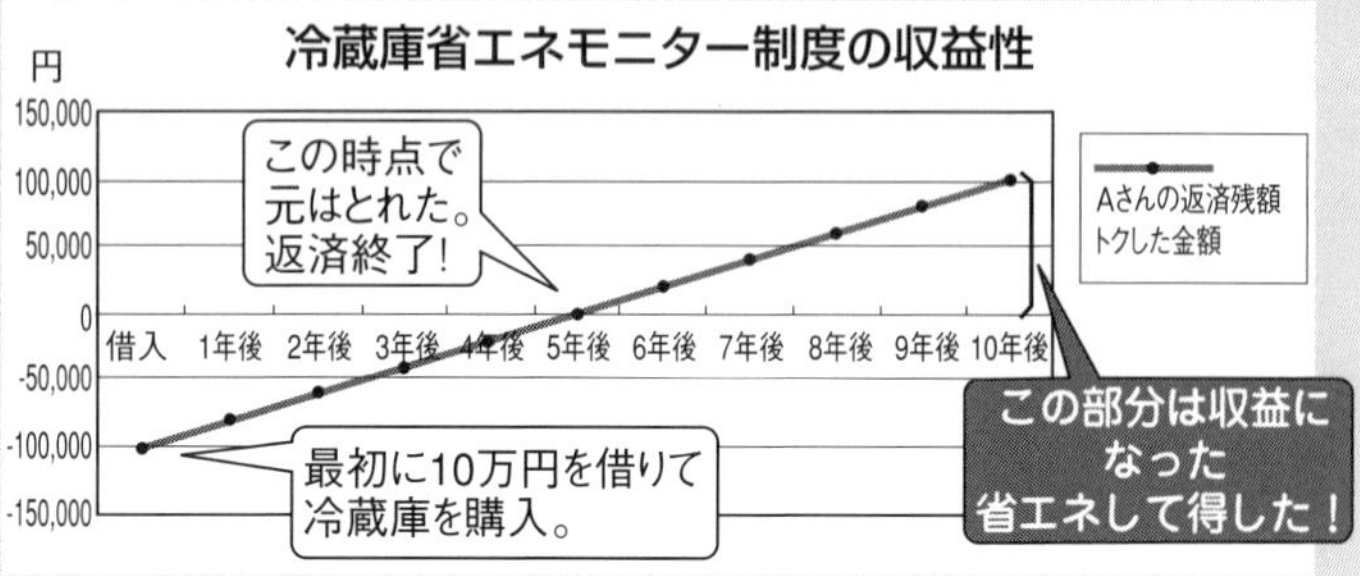

- 足温ネット・えどがわでは、「ap bank」の融資を受けて、省エネ製品購入への無利子融資を始めた。
- CO_2の排出を減らして、家計の負担も減らした。

冷蔵庫１８０キロワット時のものに買い替えると、年間に少なくなる電気消費量は１０２０キロワット時になり、それに平均電気料金の23円をかけると２万３４６０円、これだけ電気料金が１年間に安くなることになる。これを５年分金利なしで融資して、毎年安くなった分の電気料金で返済してもらったとすると、11万７３００円融資できる（図⑤）。冷蔵庫はその程度の金額で買えるから、自己資金なしで冷蔵庫を購入し、安くなった電気料金を５年間返済するだけで、その後は自分のものとなる上に、安くなった電気料金を払うだけで済むようになる。実はこれを実際に、東京都江戸川区のＮＰＯ（足元から地球温暖化を考える市民ネット・えどがわ＝略称：足温ネット[92]）で実行しているのだ。

図⑥　イニシャルコストを融資する

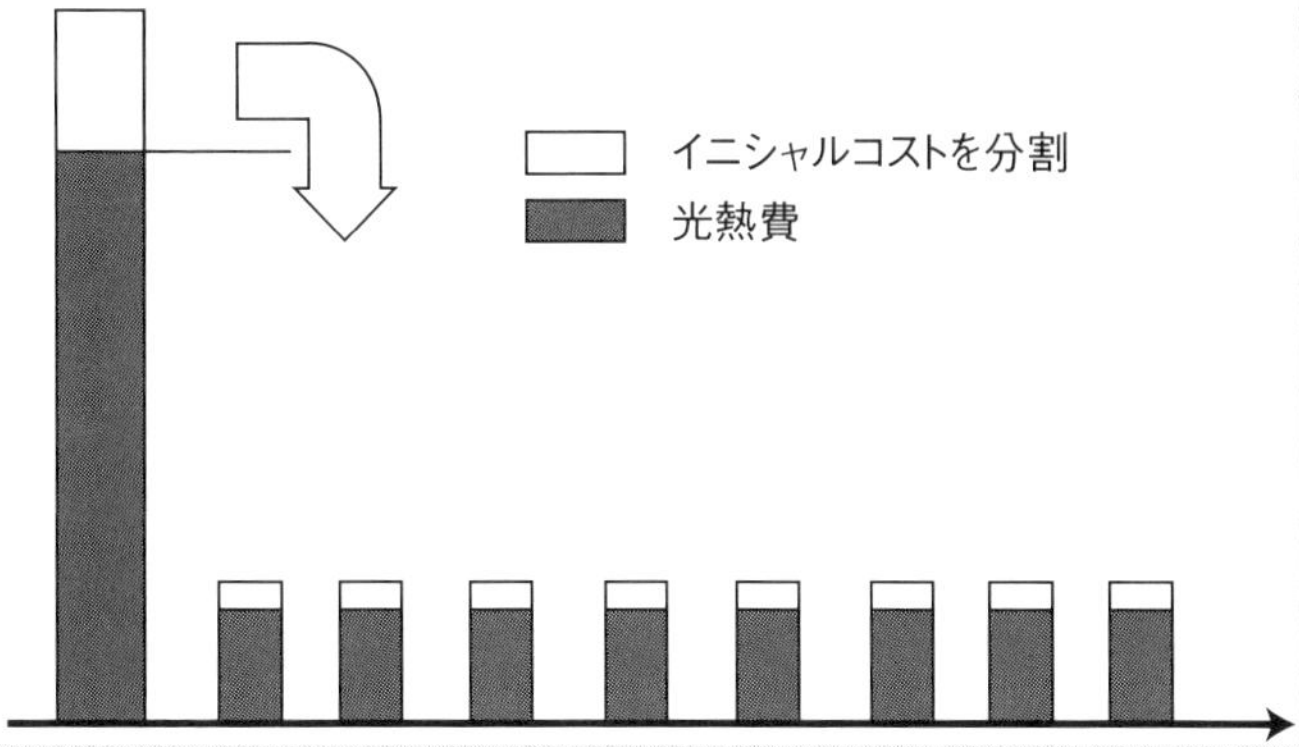

●イニシャルコストを分解すると、光熱費を加えても安上がりになる。

また、次のようなモデルはどうだろう。断熱をきちんとした住宅を建てると、確かに建設費用（イニシャルコスト）は高くなるが、毎月の光熱費の方は下がる。断熱住宅を建てたいという人に建設費を融資して、安くなった光熱費を返済に充ててもらう。安上がりの住宅よりも、断熱した環境に良い住宅を建てられる仕組みが作れる。

融資を時間軸で考えると、最初にかかる初期投資（イニシャルコスト）を、ランニングコストという運転費用に倒して払うことを可能にする方法なのだ（図⑥）。この仕組みを利用すれば、雨水利用、太陽温水器など、たくさんの環境に良くて、長期的には得するものに融資することが可能になる。誰も損することなく環境に負荷をかけずに生活できるようになり、自分たちの社会の実現に向けて歩を進めることができるとしたら、楽しいと思わないだろうか。

返済される仕組み作り

考えてみると、あなたが銀行から3％の金利で融資を受けていたとして、ぼくが同じ銀行に0％の金利で預金しているとしたら、銀行など通さずに、ぼくが直接1・5％で融資した方が得になる。あなたは1・5％でおカネが借りることができ、ぼくは1・5％の利子が手に入る。お互いトクができる。でも誰もそうしようとしない。銀行の方が信頼できて、隣の人が信じられないのは何か奇妙だ。と言っても直接の貸し借りもわずらわしい。だとしたら市民で互いに融資しあう仕組みを作った方がよいのではないか。

しかし、この仕組みでは、返済されるかどうか心配で二の足を踏んでしまう。返済されなければ、それこそ法的な措置も必要になるし、複雑な会計処理も必要になる。

そこで、返済される可能性の高くなる方法を教えよう。返済には「信頼の年輪」というものがある。信頼の高い内側の人から順に返されるということだ。たとえば多額の借金のある人が、たまたま宝くじを当てたと想定しよう。すると彼はまず、「どうしても自分を信じていてほしい人」にカネを返すだろう。信頼する友人や家族かも知れない。次に彼は「なるべく信じていてほしい人」にカネを返すだろう。地域で世話になった人、信用金庫や信用組合かも知れない。それでも余れば「できれば信じていてほしい人」に返すだろう。社会的なつきあいのある人や都

図⑦　信頼の年輪

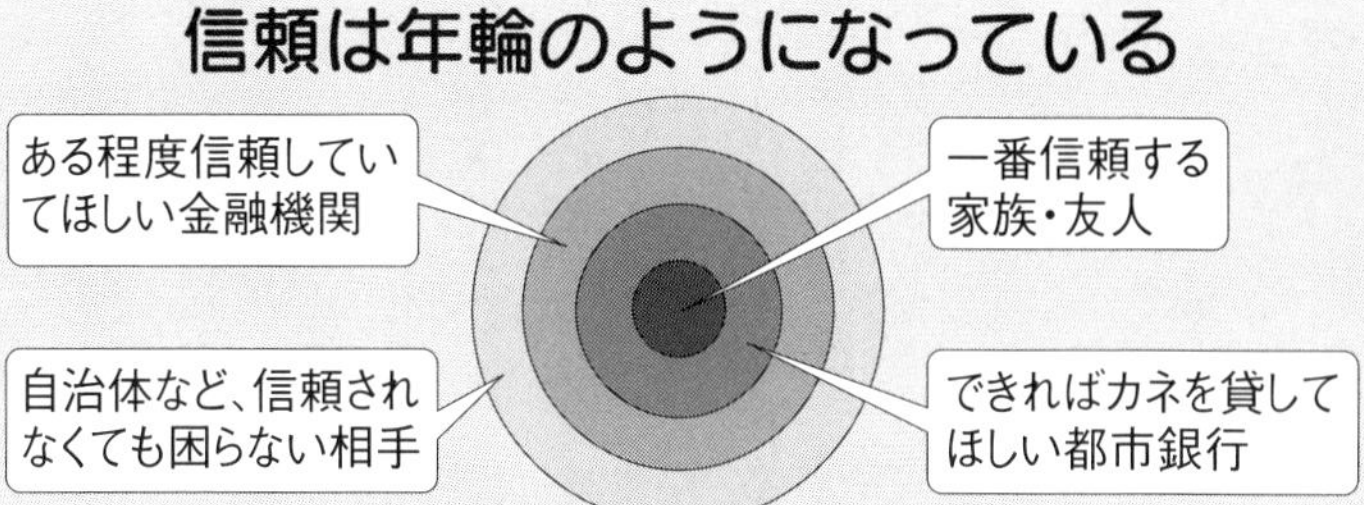

- 返済されるためには信頼の内側に入り込むことが重要。
  未来バンクの場合は、目的を明瞭にすることにより信頼を得られるようにしている。
- 一方ap bankでは、融資対象をホームページで公開する他、返済状況も公開する契約で融資している。
- 信頼の輪の内側に入ることが返済を確実にするのであって、不動産や財産を担保することではない。

市銀行あたりが入るだろう。それでも余ったときにだけ「信じてもらっていなくても困らない人」のところに返される。無関係の他人や自治体などがこれに入るだろう（図⑦）。

　この「信頼の年輪」の理論が正しいとすれば、優先的に返済されるためには、その人の信頼の年輪の内側の方に入れる団体をめざすべきだということになる。しかも今はホームページという公表の手段がある。ap bankのように、契約書に「ホームページ上で融資内容、返済状況について公表すること」を条件として明示すれば、融資を受ける側はやっている事業のすばらしさを多くの人に知ってもらえると同時に、返済のプレッシャーを受ける仕組みにできる。そう考えると、これまでの金融機関の考えてきた、「不動産担保」や「プライバシー保護のための非開示」が、いかに的外れか見えてくる気がする。

3つ目の社会セクターとしての市民

各地に市民の非営利バンクが作られていくなら、市民自身が新たな「非営利のビジネス」を展開していける可能性が開けていくだろう。すると、これまでとは別の新たな社会の可能性が見えてくる。どこかにぶら下がって生きるのではなしに、自ら社会を作っていける可能性だ。2つのセクター、企業や行政は絶対に必要な社会的な存在だが、しかしもう一つ、市民のセクターもなければならない。もし行政が不効率で不親切なら、もっと効率的で親切なサービスを行政に代わって、市民自身が提供しよう。もし企業が金儲け主義で価格を高止まりさせるなら、市民が同じものを低価格で提供しよう。この3つの社会的なセクターのチェックアンドバランスが働くようになった社会こそ、生きやすい社会になるのではないだろうか。

第6章 新たな社会へ

石油に頼らない生活パラダイム

石油に頼らない社会がどんなものになるか、それをイメージしてみよう。[93]

まず、私たちの使う石油製品が、バイオマス素材のものに切り替わる。プラスチックはポリ乳酸プラスチックのような植物性のものに代わる。車はアルコールや廃食用油・植物油によって走るようになる。電気は自宅の小さな発電機とキャパシタ[94]で、水は雨水の利用が半分以上を占め、残りはリサイクルされた水が占めるようになる。ガスはバイオガス由来のものになり、ごみとして捨てられるものは大幅に減る。紙やプラスチックは素材として使われ、生ごみは貴重なバイオガス原料として、繊維や木草は乳酸プラスチックなどの原料やバイオマス燃料になり、廃油は軽油代替燃料に使われるからだ。すると可燃ごみと呼ばれていたものはなくなる。現在と比べると、最終的に残るのはわずか4%のごみだけになる。ごみがここまで減ったら、ごみをリサイクルのために分別するのは簡単なことになる。中にはリサイクルが困難なものもある。

たとえば塩化ビニルやカーボン紙のような有害物、あるいはリサイクルできない混合物だ。それらは処理困難なものとして、処理費を生産者に負担させればいいだろう。こうして、一般廃棄物のほとんどが消える（図①）[95]。

生活自体を考えてみると、エネルギーはかなりの部分が自給される。地域で集積スタンドを作って、素材を回収すると同時に製品を購入することになる。つまり廃油やバイオマスを届けると同時に、アルコール・ガソリンや灯油を買い取るイメージだ。スタンドが販売の一方通行だった時代は終わり、相互通行の場になる。第3章で見た埼玉県比企郡小川町の例のように、生ごみを届けてバイオガスや野菜を受け取ることもあるだろう[96]。人々はもはや単なる消費者ではなく、素材提供者でもあるから、小川町で「ＮＰＯふうど」が実行しているような「地域通貨」で、素材提供の証書を受け取ることになるだろう。たとえば古紙を提供した分をノートで受け取るとしても、その時点で全部もらっても困るからだ。「古紙を提供した分で野菜をもらいたい」というような、「交換価値」の手段として地域通貨の使える余地が生まれる。器用な人なら雨水利用の装置や自然エネルギー機器のメンテナンスで、地域通貨を得るかも知れない。この機能は、非貨幣経済による「市」の機能に似ている。これまで地球のどこか分からない石油原産地に払っていたコストが、地域のエネルギー供給地（自宅の屋根かもしれない）に支払われることになるのだ。もちろん生物を相手にするバイオガスや農家は、それ自体が職業として成り立つだろう。いやもしかしたら、「職業」というイメージですらないかも知れない。何より「させ

図①　一般廃棄物のリサイクル（2000年、東京都のデータから作成）

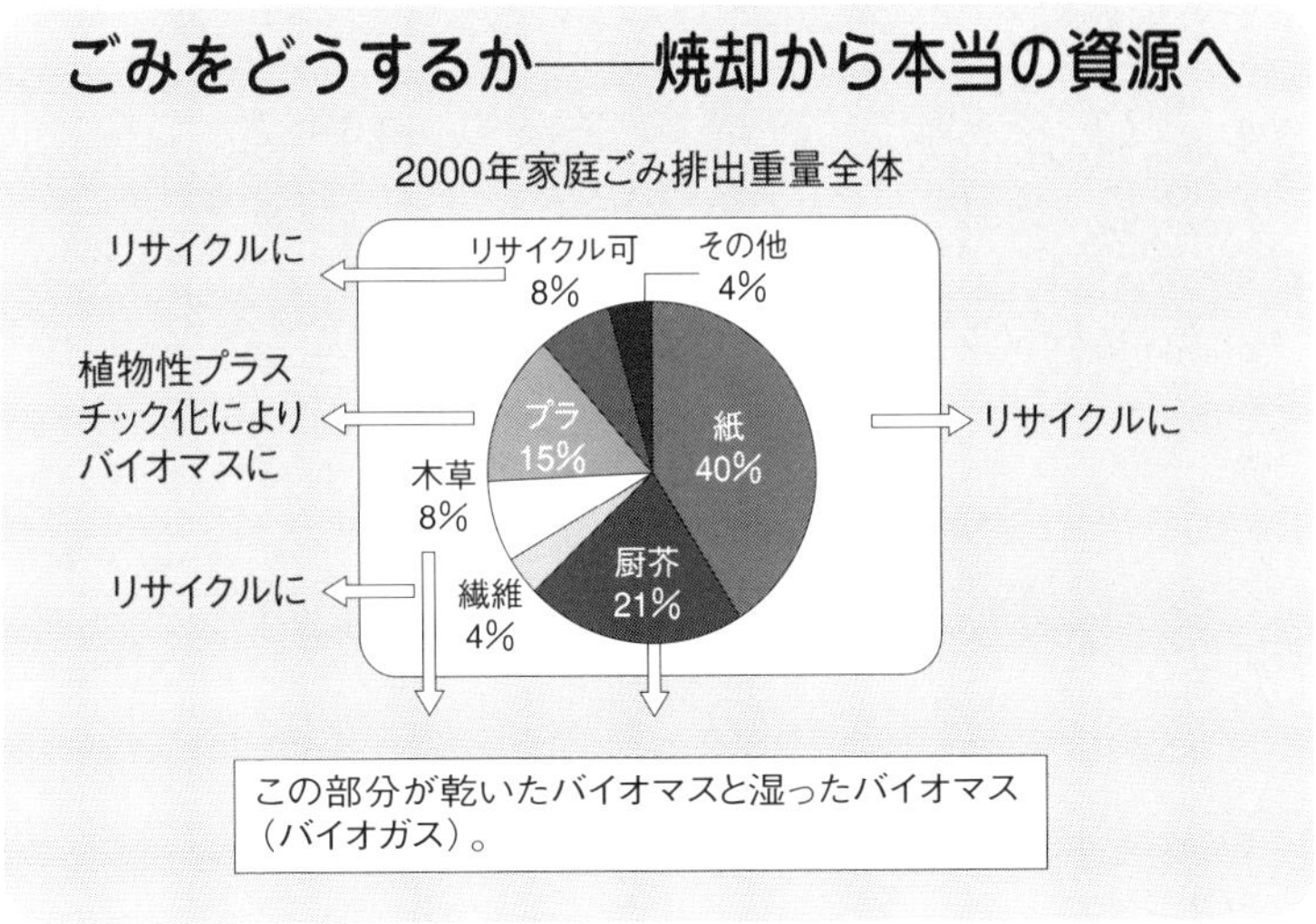

られる」ことではないのだから。生活はあくせくしたものではなくなり、「好きでしている」生活に近くなる。少なくともエネルギーは、ほとんど手間をかけなくても生まれてくる状態になっているのだから。

一方、製紙のようなエネルギー多消費型の産業は、スケールメリットがあって小規模では効率が落ちるため、相当量を集めた場所で再生されることになるだろう。こうしたスケールメリットが大きい産業は地域化しない。ただし販売と素材の集積は地域化するだろう。ちょうど今のリサイクル業者の場所が、リサイクル兼文房具店になる感じだ。同様に、工業製品や自動車産業などのスケールメリット産業は、従来どおり成り立つだろう。しかし輸出入の燃料は正当に評価されて価格の高いものになるから、鉄・アルミといった輸入素材・エネルギー多消費型の素材は価格が高まるので、放置して捨てられることはなくなるだろう。すると、今途上国がそうであるように、高度な工業製品は何度も修理して使われるようになる。店舗は単に新品の販売店というよりは、昔ながらの自転車屋さんのように、修理やメンテナンスも行なう場所に戻る。こうした場所がガソリンスタンドやコンビニになるかも知れない。「スローライフ、スロービジネス」として紹介される、地域のサービスステーションをめざす滋賀県の「油藤商事」というガソリンスタンド(97)が現実に存在するが、これが将来型のスタイルになるだろう。

では産業レベルでのエネルギー自給はどうだろうか。これもまた不可能なことではない。現にヨーロッパはその方向に向けて進みだしているし、巨大石油企業のシェル、ＢＰにしても、今後の社会を脱石油化の方向で思い描いている。(98)欧米の一部企業には、そうした巨大な変革期を、ものともせずに乗り越えていこうとする気概がある。

家庭が省エネと自然エネの組み合わせで自給可能になるように、産業もまた省エネと自然エネの利用で自給可能になるだろう。現時点で、世界で一番安い発電方法は、風がよく吹く地域の風力発電となっている。アメリカのデータで４セント／キロワット時、(99)１ドルが１２０円だとしても４・８円（図②）、それまで一番安いとされていた石炭の単価を下回っているのだ（日本では世界のデータと違って「原子力が一番安い」ことになっているが、その単価５・９円すら大幅に下回る）。急峻な地形で、雨量の多い日本の場合、使うことさえ許されれば、小規模水

図② アメリカでの風力発電コストの推移（1982～2001）文献：99

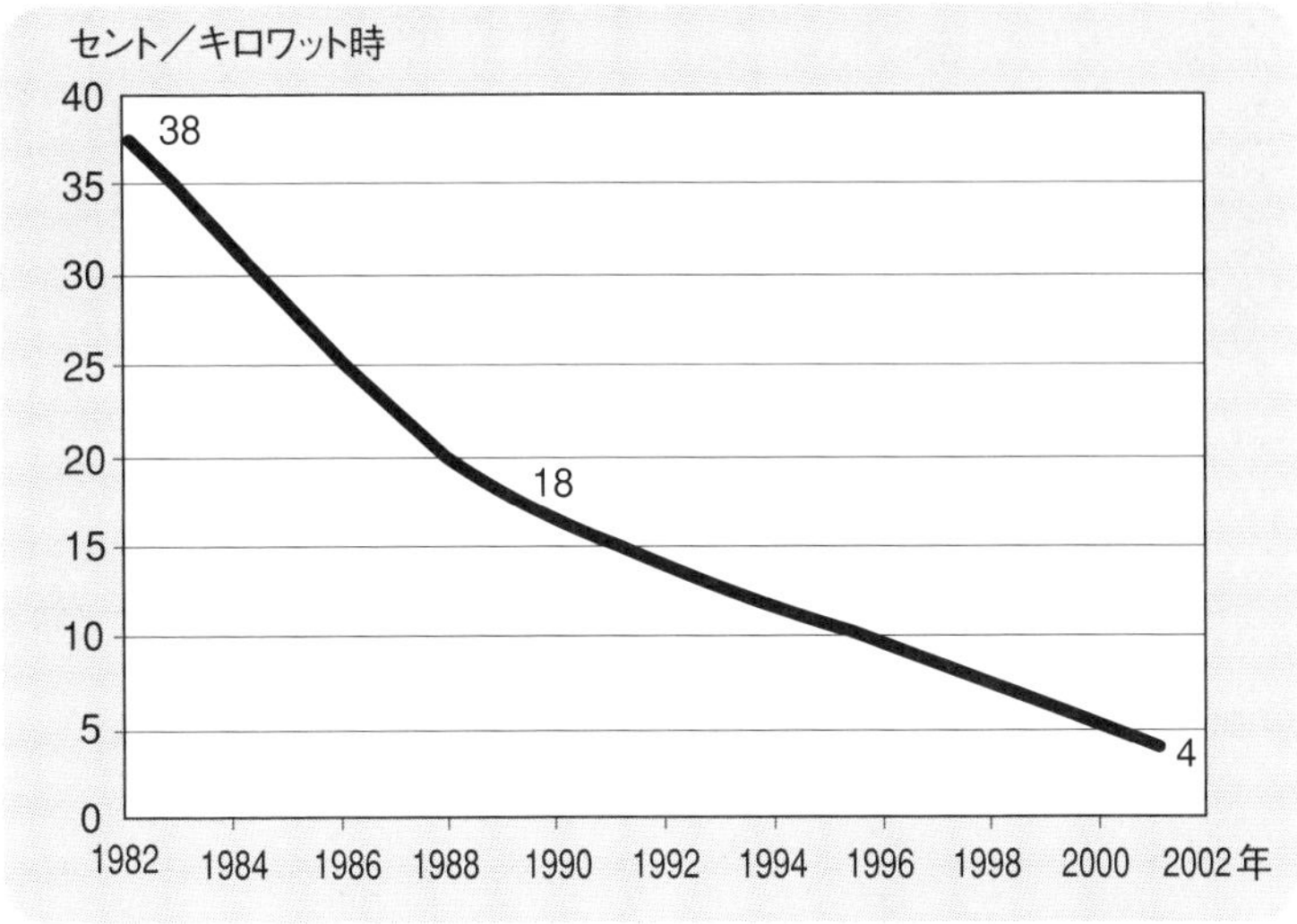

力発電の方がもっと安く発電することができるだろう。

もしどうしても石油などの化石エネルギーを使わざるを得ない製品があるのだとしたら、使った分量に応じて税をかけ、消費者負担にすればいい。そうすれば消費者が選択することによって、より省エネした生産方法に、より自然エネルギーの方向に向かっていくはずだ。[100]

石油への隠された補助金

これまで石油には、莫大な「隠された補助金」が出されていた。たとえば軍事費に、アメリカは年間48兆円を支出する（05年度は52兆円！）。日本の実質的な国家予算以上の額を、軍事費だけで消費するのだ。この軍事費でイラクの石油を全量得たとしても、金額にしてわずか2・4兆円、軍事費支出の20分の1にしかならない。石油の本当の購入価格はきわめて高い、と言わざるを得ない。これは実質的に石油獲得のコストなのだから、石油価格に上乗せされるべきものだ（図③）[101]。

また、地球温暖化の影響と思われる2005年の二つのハリケーンの被害だけで、イラクの年間原油販売額の4倍以上の額を喪失している[102]。カリフォルニアの山火事もまた毎年のように起きている。これもまた石油消費にかかるコストだ[103]。全世界が被る地球温暖化の被害を金に換算して算出するならば、石油はけして安くない。軍事費、環境破壊のツケが石油への「隠された補助金」として支出されているから、安いかのように錯覚させられるだけなのだ。

もし石油価格がこれらのコストを加算した本来の高さだったら、経済のグローバリゼーションは成り立たない。石油が安く設定されていなければ、遠く地球の裏側のブラジルから運ばれてくる大豆が、地域で作るものより安くなるはずがないのだから（「ブラジルは人件費が安いから」と言いたい人もいるかも知れないが、現在その大豆を最も輸入しているのは、それ以上に人件費が安いはずの中国なのだ）。

石油価格が正当なものになれば、経済のグローバリゼーションはもっと慎ましいものとなるだろう。すなわち必要最小限の、互いに余剰の生産物を交換し合う程度の、まず自分のコミュニティー経済を充足した上での交易になるのだ（これこそまさにアダム・スミスが想定していた余剰品の自由貿易だ）。

図③　アメリカの軍事費とイラクの年間原油収入（文献：101）

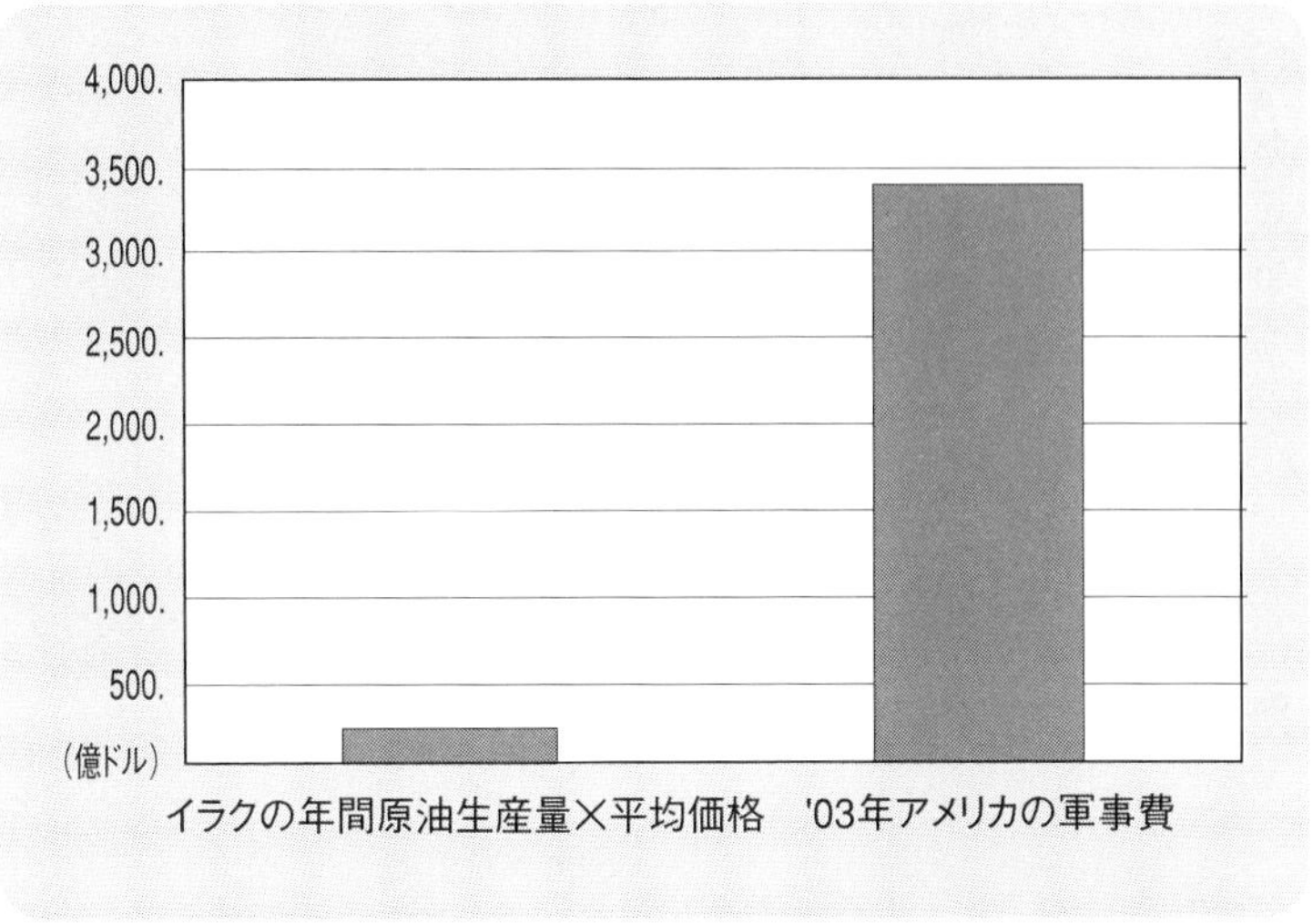

しかしこの背景には、もう一つ重要な問題がある。「国境を越える燃料費には課税できない」という問題である。[104] 簡単に言うと、国内でたとえば神戸から東京に運ぶトラックの燃料には半分以上の税金がかかるというのに、シンガポールから運ばれてくる船の燃料は課税されないのだ。その結果、近くの、国内での生産物はかえって高くなり、単に金銭的に安いものを選択すると、必然的に他国からの生産物を選ぶことになる。これは課税権の問題から、国家間で相互に無税としてしまっているために起こる問題だ。今欧州連合（ＥＵ）が、航空燃料に課税する仕組みを作ろうとしている[105]ように、相互に課税する協定を結べば解決可能な問題である。

しかし、自然エネルギーからの電気は、

こんな状況でありながら「隠された補助金」をもらっている石油よりも安いものになった。自然エネルギーのポテンシャルは相当に大きい。おそらく移動動力源の燃料についても、早晩自然エネルギーの方が安いという状況が作られるのではないだろうか。こうした化石エネルギーに対する不当な補助金も、やがて自然エネルギーの安さ、潤沢さに破られる日が来る。そのとき石油を奪い合うための戦争は不要になる。

これまでの社会は、石油という中央集権を余儀なくさせる中心から広がる、石油を頂点としたヒエラルキー状に社会が形成されてきた[106]。しかしエネルギーが各地で作られるようになるとき、社会は地域分散型に変化する。エネルギーは各地域に生まれるもので、社会の上から与えられるものではなくなるのだ（図④）。

投資の自由化とグローバリズム

こうした社会に移行するための技術は、少なくとも家庭レベルでは不可能なことではなくなった。このヒントは「省エネ冷蔵庫」のような画期的な省エネと、自然エネルギーの急速な進展によって与えられた。これ以上の省エネが想定できないほどに消費電力を減らした冷蔵庫[107]、塗装技術を応用して価格で従来の半値、エネルギーで従来の3分の1で生産できる目途をつけた太陽光発電パネル[108]、毎年安値に塗り替えられる風力発電の生産コスト、ハイブリッド自動車以前からブレーキで発電していた新幹線[109]（回生ブレーキの導入が1992年の300系からなされ、

図④　石油によるヒエラルキー状社会から地域分散型に

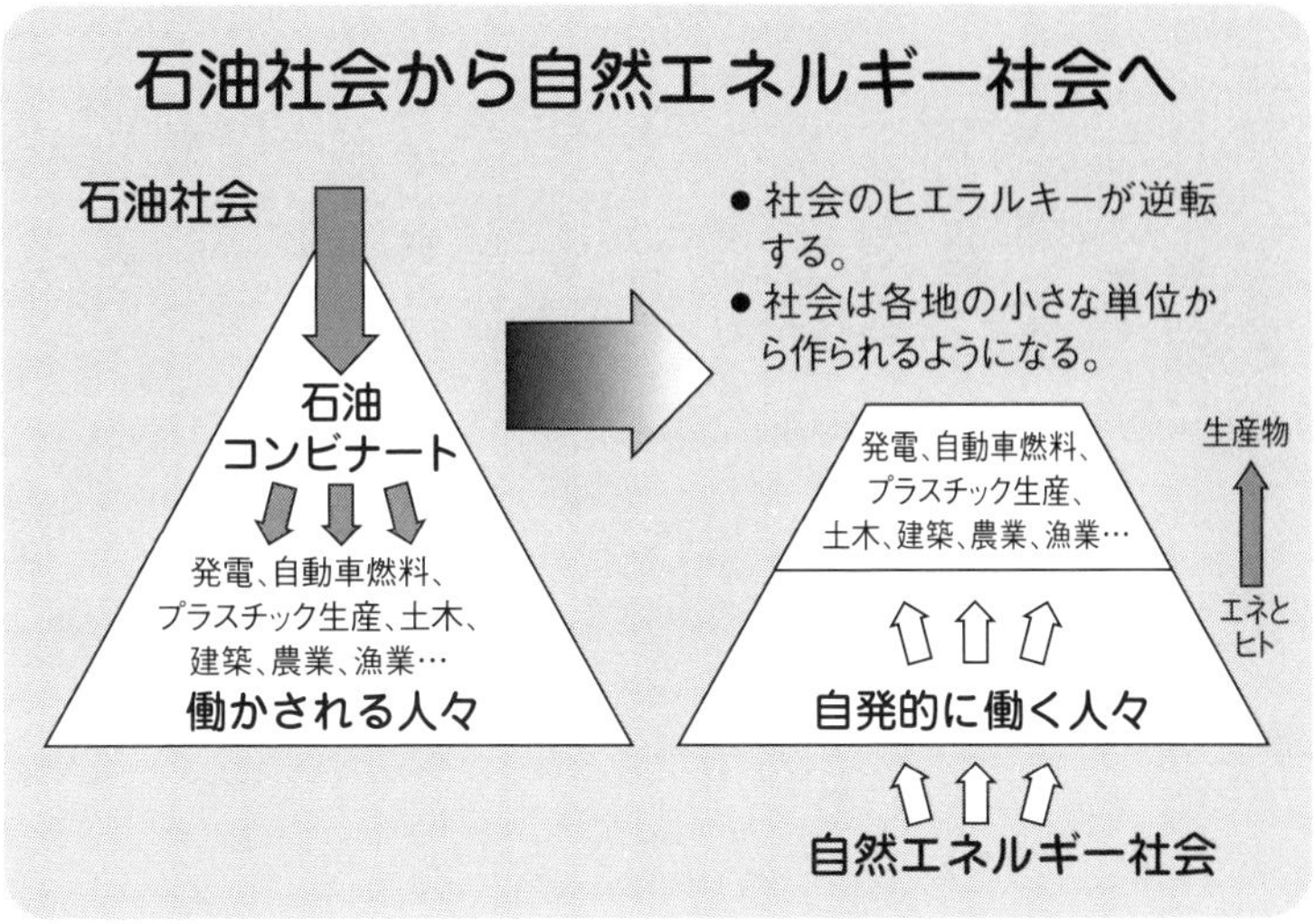

今なおモデルチェンジごとに省エネを続けている）、同じ距離を従来の3分の1のガソリンで走れる自動車など、快適さを犠牲にせずに省エネを実現したことがヒントになった。「努力・忍耐」でなくても地球温暖化の防止はできるし、省エネ後に自然エネルギーを組み合わせれば脱石油すら射程に入ってくるのだと気づかせてくれたのだ。これらを生産した日本の技術者と企業に感謝したい。こうした長足の進歩を生むところが、営利セクターのすばらしいところだ。

しかしここでもう一つ気づくことがある。「なぜ日本企業ばかりが、これらの技術を生み出したのか」ということだ。これは日本が世界経済のグローバリゼーションに乗り遅れているせいではないかと思う。実際、カネだけで言えば、一番儲かるやり方は企業のM&A（乗っ取り・合併）で株価を操作し、利益を生み出す方法だろう。たとえばすばらしい製品を生み出した今の企業をみても、すべての製品がすぐれているわけでも、売れているわけでもない。ならば株を買い取ってその会社を吸収し、すぐれている分野、売れている部門だけを高値で売り払い、残りはスクラップにして売り払ってしまった方が利益が出る。また、吸収してスクラップにする部門をリストラすれば、株価は間違いなく上がるから利益が出る。アメリカ社会はこれを続けている。これが投資会社のしていることであり、「経済のグローバリゼーション」で最も強く求められている「投資の自由化」(110)であり、もっともうまみの大きい産業となっている。

しかし多くの日本人にとって、この利益の生み方は是認しがたいものだろう。大企業や国家行政のもとでサラリーマン化することが「エリート」とされてきた日本では、それをめざす動機は収入や安定だけとは言えないだろう。もう一方で、「社会のお役に立つ」ことがエリートの条件としてあったのだと思う。なぜ雇われ人に過ぎないものが、エリートと思われ続けてきたのか。自発的に動こう、儲けよりも社会の役に立とうと努力する者だからこそ、エリートと認識されてきたのだろう。

まさにそうした社会に貢献しようとする人たちが生み出したのが、今までに挙げたようなすばらしい技術・製品だ。これが日本的終身雇用形態と一体となって、新しい技術を作り出したのではなかったか。終身雇用は確かに良くない点もある。働かない人も保護してしまう点だ。しかしその弊害を是正すると称して、まじめに働く人までリストラするのは如何なものだろうか。かつてのエリートが単なるリストラ対象に過ぎない雇用者になるとき、同じセクションにいながら、毎年所属会社が変わるような雇用環境で、それでも彼らは社会に役立つものを作りたいと思うだろうか。

ぼくは日本のすぐれた資質をもった今の労働者を、単なる利益を生み出すためのニワトリにすべきではないと思う。政治は「経済のグローバリゼーション」を推進しているが、本来は逆だろう。「経済のローカル化」と「人のグローバル化」こそが必要だ。そのために、「二酸化炭素排出を少なくした製品を選べば消費者が利益を受ける」「自然エネルギーを選択すれば利益を受ける」というようなインセンティブ（目標を達成するための動機づけ）を社会に加え、今の製品のイノベーション（技術革新）をさらに高めるべきではないか。それによって生産に基づいた企業の競争力を伸ばすことができる。「ジャパン・アズ・ナンバーワン」と呼ばれた時代の仕組みを壊して、投資会社やＩＴ企業と呼ばれる単なるスクラップ屋に提供するという選択はどうだろうか。

本当のセキュリティー

もし可能なら、石油に頼らない社会に10年程度で移行できるのが望ましい。というのは、円の暴落が近づいているからだ。現在のところ、日本政府は８００兆円以上もの莫大な負債を抱えているものの、人々の貯蓄がそれを上回る状況にあるので、他国の投資家から投資してもらわなくても経済崩壊には至らない。しかし問題なのは、現在進行中の少子高齢化の問題だ。少子化に伴って稼動年齢層が減り、やがて若年労働者2人で1人の高齢者を養わなければならなくなる。その負担のために若年層の可処分所得は著しく減る。つまり税金や年金の掛け金のために、得られる手取り給与がとても少なくなってしまうのだ。しかし子どもも養わなければならないし、住宅も必要だろう。すると当然、貯蓄できる金額は減らざるを得ない。現在1400兆円あるという貯蓄も、自らのローンを差し引くと実質1000兆円だ。これが減り始める。

一方、政府の負債は、「日本の借金時計」というホームページ[111]に紹介されているように、ものすごい勢いで増加し続けている。すると、いずれ借金額が人々の貯蓄額を抜くときが来る（図⑤）。

このとき、国民の貯蓄では賄えないのだから、不足分の負債は海外の投資家から借りざるを得ない。海外の投資家の立場に立って考えてみてほしい。日本に貸して、返してもらえると思うかどうか……。日本は歴史上例を見ない「超少子高齢化」に見舞われている。しかもエネルギー自給率は1割、食料自給率は4割、2100年には人口が半減し、しかも高齢者ばかりになっている国だ。リスクが高いのだから、当然高い金利でなければ融資しない。すると円は信頼されないのだからじりじりと価値を失っていく。

円が暴落したとき、モノが買えなくなって気づくのだ。円の価値が高かったからこそ、世界

図⑤　日本経済の現状とインフレ

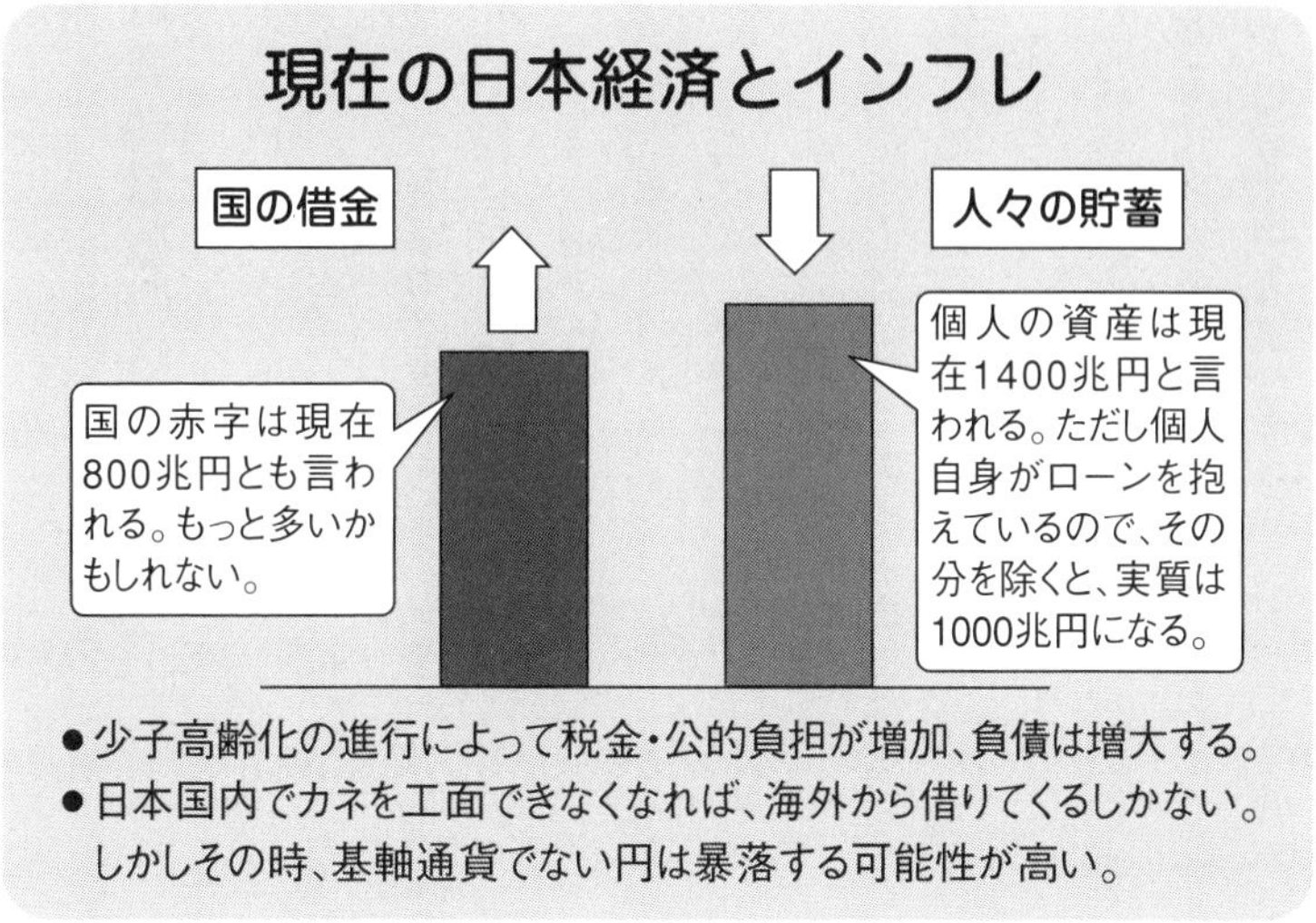
現在の日本経済とインフレ
国の借金
人々の貯蓄
国の赤字は現在800兆円とも言われる。もっと多いかもしれない。
個人の資産は現在1400兆円と言われる。ただし個人自身がローンを抱えているので、その分を除くと、実質は1000兆円になる。
●少子高齢化の進行によって税金・公的負担が増加、負債は増大する。
●日本国内でカネを工面できなくなれば、海外から借りてくるしかない。しかしその時、基軸通貨でない円は暴落する可能性が高い。

中から資源を輸入することができていたのだと。もはや寒くなっても灯油すら買えず、電気すら買えない。ひもじくても食べ物すら輸入できず、膨大な数の人が飢えに見舞われる……。それは現にロシアでもアルゼンチンでも起きたことではないか。

そうならないためにも地域で自給できるエネルギーと、地域で自給できる食料の強みを持ちたいのだ。エネルギーセキュリティーとは、国益を声高に叫ぶ一部の政治家や評論家が言うような、石油ルートの海峡確保だけを言うものではない。本当のエネルギーセキュリティーは、いかに人々が安価で安定的なエネルギーにアクセスできるかの問題である。そうであればバイオマスの一つである農業を含め、地域の自然エネルギーで自給できるようにしていくことこそが、本当のセキュリティーと言えるだろう。

地域循環型の経済へ

巨大な経済のグローバリゼーションの荒波に翻弄されながら生きるのではなく、小さな単位から成り立つ経済によって生活できるようになると、社会のパラダイム（舞台の枠組み）は逆転する。地域の経済の積み重ねの上に国際経済が成り立つことになり、グローバリゼーションは経済の用語ではなくコミュニケーションの用語となる。

今の時点から考えると、経済のグローバリゼーションを押し止めるのは不可能に思えるだろう。しかしそれも無理な話ではない。インターネット取引が世界を統一的な市場にしてしまう90年代中盤まで、モノの貿易は二国間の相対取引が中心だった。その少し前までは、国の経済はその国の通貨によっており、国際市場と国内市場は分断されていたのだ。石油価格が正当な価格になることで、そこに戻るだけなのだから不可能な話ではないはずだ。もちろん楽観できる話ではないし、自然にそう流れていくものでもない。主体的な市民の活動があって初めて可能になることなのだ。

石油価格が正当に高くなれば、自然と国際的な流通の潮は引いていくことになる。そして国内通貨が国内経済の主体となる。しかしそこにとどまるものではない。さらに地域産のエネルギーが地域内の経済を生み出し、やがて国家通貨以上の主体となっていく。地域内循環は地域内で用いる通貨を生み、補完的に国家通貨、そして国際通貨が利用されることだろう。このとき地域通貨はモノに兌換される主たる通貨となり、モノに兌換できない国家通貨は補完通貨になるだろう。そこに移行させていくためには、地域内に生産が生まれることと同時に、どうしても地域内の信用を作り出していく必要がある。互いに信頼を高めることで、駅前の銀行の高い金利から自分たち相互の安い金利に移行させるのだ。地域に互助的な非営利バンクを作り出し、単利の仕組みで融資しあったとすると、その分だけ東京が使い道を決める「中央集権的な金融」が弱まっていく。単利の融資の安さは、複利の融資を駆逐していくだろう。地域の自分たちで使い道を決めるとき、これまでのようなムダな投資は抑止されていく。そして地域への投資は着実に雇用を生み、雇用は消費を呼び、生産を促す。「過疎化」という現象が金融の中央集権によって作られていたことが明らかになり、地域の非営利バンクが地域経済の再生を促すのだ。

そのために必要なのが地域内の信用である。地域内にエネルギーを作り出したり、農業など地場産業を生み出したりするために、地域の人々の資金が投入されるようになるといい。そのための重要なツールが、今あなたの手の中にある貯蓄なのだ。

市民社会の構想

しかし「そんな社会が訪れる」という保証はない。どんな画期的な技術でも、特許権が買われて金庫に隠されれば使えないように（現実にあることだ）、歴史に必然なんてものはない。ただ可能性があるだけだ。その可能性を引き寄せるも遠ざけるも人々の選択にかかっている。ではどのようにすればいいのかを提起してみよう。

それは社会の3つのセクターに始まる。

PO（産業セクター＝Profit Organization）――現在主流を占めるのが産業セクター、これは動機が利益（profit）にある。したがって産業以外は、行政を含めてすべてNPOになる。

GO（行政＝Government Organization）――行政は統治（government）が動機になる。したがって行政以外は、産業を含めてすべてNGOになる。

NGO／NPO――したがって3つ目のセクターは、市民セクターになる。

この3つのセクターはすべての分野で成り立つものだ。たとえば、公立の保育園、24時間保育園や企業内保育園のような営利保育園、そして市民共同保育所の3つが併存するように。あるいは、財政投融資による公立銀行や国家管理銀行、民間銀行、そして市民の非営利バンクや労働金庫もある。アメリカでは公立病院、民間病院、非営利のクリニックがある。どんな分野でもこの3つのセクターが成り立つ。

そして3つ目の市民セクターが入ることによって、3つのセクター相互にチェックアンドバランスが起こることが希望だ（図⑥）。もし行政が不親切で効率悪い運営をしているなら、市民セクターが代わりに親切に効率よく運営すればいい。また企業が儲け主義で、高くて質の悪い

図⑥　市民社会の構成図

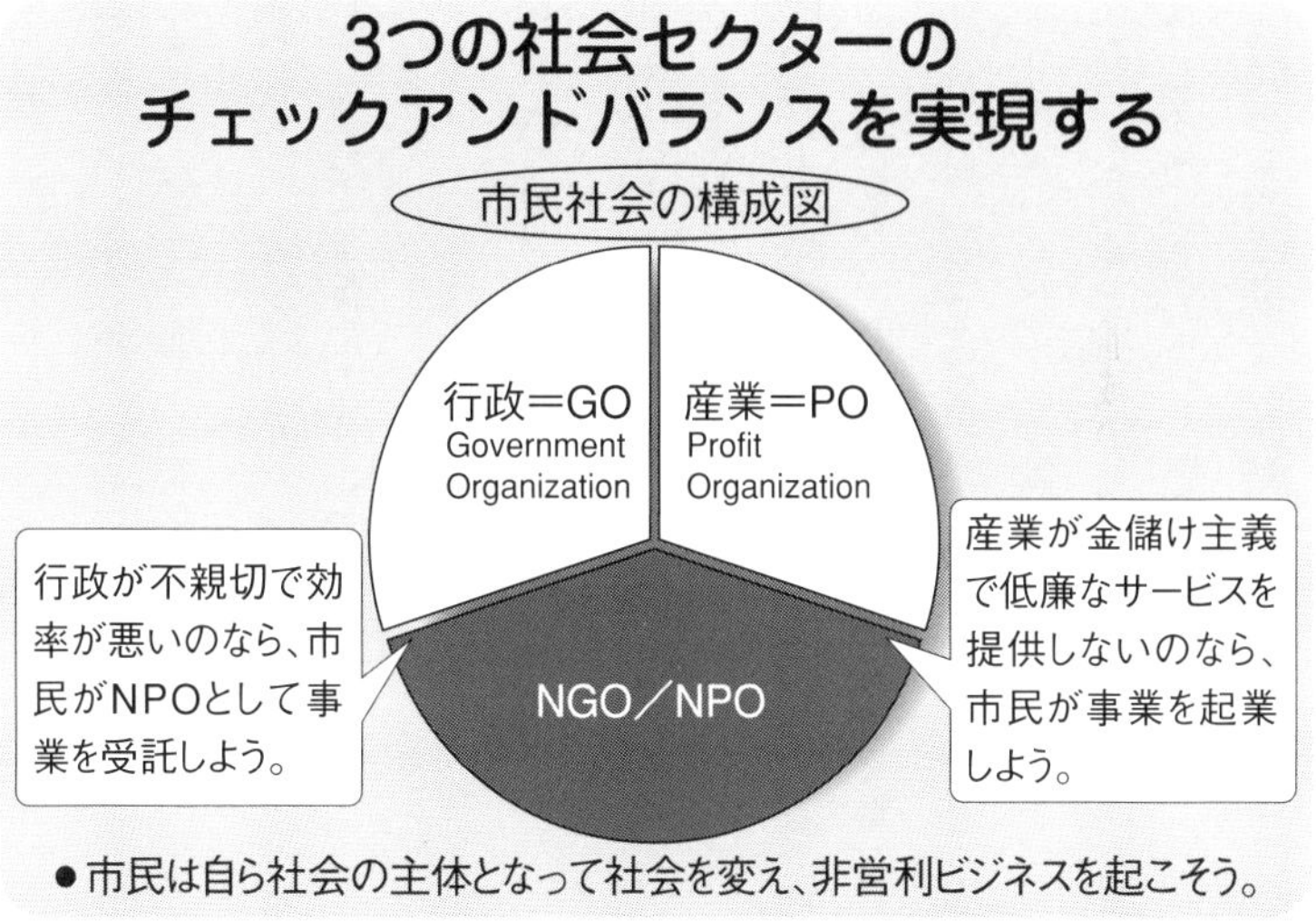
3つの社会セクターの
チェックアンドバランスを実現する
市民社会の構成図
行政＝GO
Government
Organization
産業＝PO
Profit
Organization
NGO／NPO
行政が不親切で効率が悪いのなら、市民がNPOとして事業を受託しよう。
産業が金儲け主義で低廉なサービスを提供しないのなら、市民が事業を起業しよう。
●市民は自ら社会の主体となって社会を変え、非営利ビジネスを起こそう。

ものを独占的に生産するなら、市民が安く質の良いものを提供すればいい。現実にマイクロソフトが怯えるのはリナックスという市民が無償で提供するソフトだし、公的施設が怯えるのは効率よく親切に運営する非営利の施設だ。こうして互いにチェックアンドバランスする社会が作れるなら、社会は必然的に一方に偏ることはできなくなる。

実際、道路公団の民営化を考えるときにも、道路という公共財を企業に売り渡すことだけを考えるのではなく、市民セクターが買い取ることもあり得るのだ。もしこれ以上の道路建設をさせないものとして考えるなら、道路公団は小さな事務所の一室で運営できる。なぜなら道路のメンテナンスは委託できるし、サービスエリアも料金所も現に委託だ。しかも今はＥＴＣ（Electronic Toll Collection System）によって自動的に収入が入ってくる仕組みに移行しつつある。集まってくるカネからメンテナンス費用を支出し、残りで返済していくなら、赤字をなくすことだって困難ではないはずだ。ＧＯ↔ＰＯの間を行き来させる「民営化・国有化」をするうちに、赤字だけが残って資産が消え去るのは、現に長期信用銀行で経験したことではないか。２つだけの間で振り子運動させていてはダメなのだ。３つ目の市民セクターが生まれ、もっと強くなっていかなければならない。

ＮＰＯ法と中間法人法

　その市民セクターだが、２つの型があり得る。行政に代替するものと、産業に代替するものとでは性質が異なる。行政に代替するのがＮＰＯ法に想定される「特定公益活動法人」で、産業に代替するのが中間法人法に想定される「非営利ビジネス」となる（図⑦）。

　行政セクター、産業セクターを別な言葉で表現すると、行政＝公益、産業＝私益となる。そして３つ目のセクターは「共益」になる。かつて寺が寺子屋という形で教育機関を興し、頼母子講《たのもしこう》という形で金融機関を運営し、寄り合いの形で公共工事まで実行したように、そもそも共益セクターは地域の「寺」が担うことが多かった。だが、寺が「寺請け制」により「葬式仏教」に成り下がると、その共益セクターとしての機能が低下した。さらに町内会が、実質的に行政の下部機関（「ＦＧＯ＝For Government Organization　行政のための組織」と呼んだ

図⑦　２つの市民セクターの型

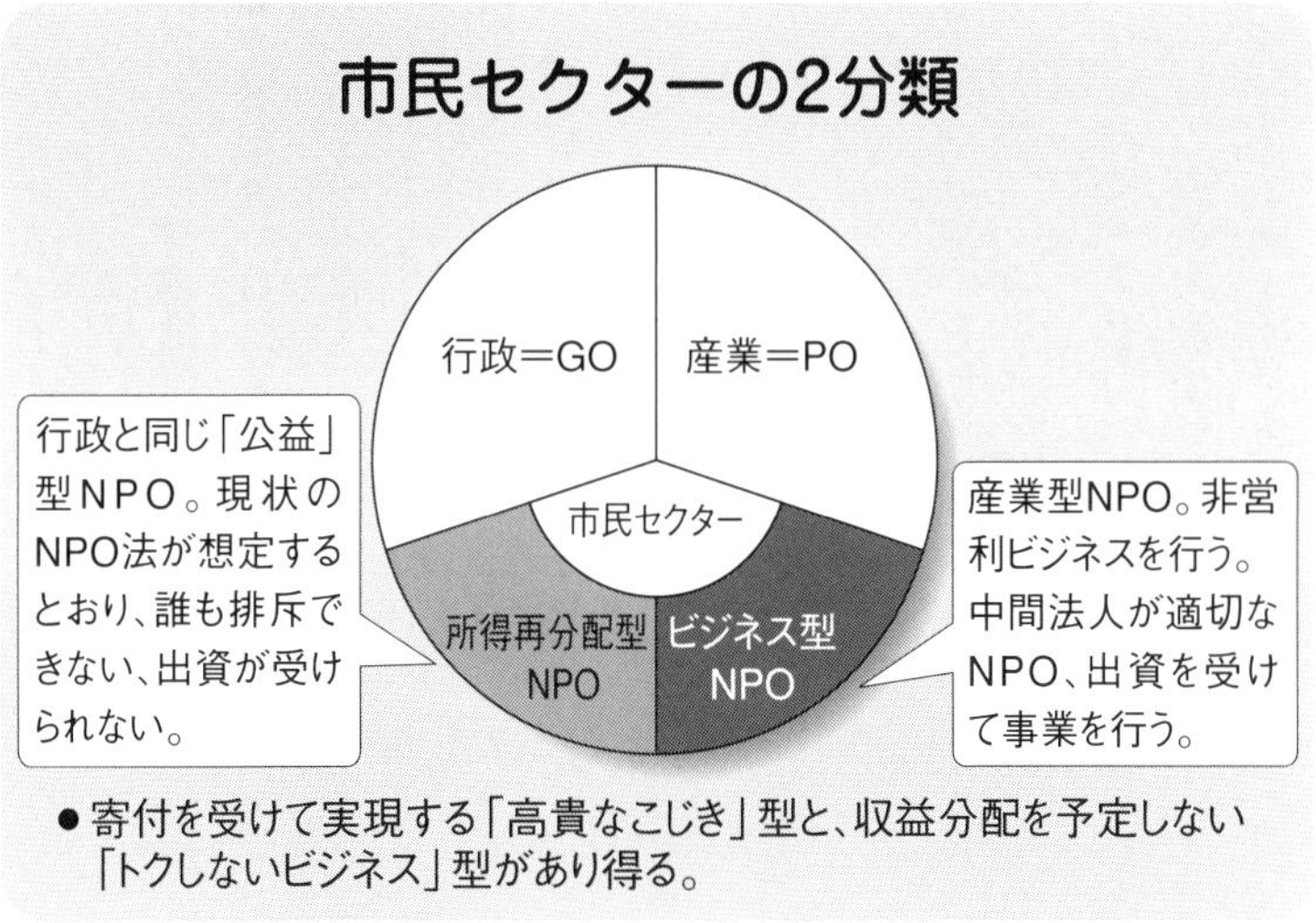
市民セクターの2分類
行政＝GO
産業＝PO
市民セクター
所得再分配型NPO
ビジネス型NPO
行政と同じ「公益」型NPO。現状のNPO法が想定するとおり、誰も排斥できない、出資が受けられない。
産業型NPO。非営利ビジネスを行う。中間法人が適切なNPO、出資を受けて事業を行う。
●寄付を受けて実現する「高貴なこじき」型と、収益分配を予定しない「トクしないビジネス」型があり得る。

りする）とされてしまってから、日本では国内での共益セクターが不在になってしまっている。この共益セクター（市民セクター）を再生される必要があるのだ。

■公益型ＮＰＯ（所得再配分型ＮＰＯ）

——公益であれば一部の利益を代表することはできず、ＮＰＯ法が前提にするように、合理的理由がない限り誰が入るのも拒否できない。出資は受けられず、寄付と融資だけで運営することになる。基礎財産を作ってもいいが、誰でも入れるということは乗っ取りを許す仕組みだから、会員数×年会費の２倍を超える基礎財産を持つのは危険になる。会費を振り込まれて会員名が偽造でなければ、総会で緊急動議を出されて経営権を奪われても、何の文句も言えないからだ。責任の問題もある。法文上は無限責任とも有限責任とも書かれていないが、業務の執行者は実質的に無限責任を負う危険性が高いからだ。したがって、NPO法はカネを持たず、寄付と融資だけで成り立つ組織に適したものになる。言葉は悪いが、「高貴なこじき」という形態になるだろう。

■産業型NPO（非営利ビジネス）――共益型の市民セクターには、非営利ビジネスが相当する。この時の営利・非営利とは、出資に対して配当するか否かで決まる。人件費は「経費」であって収益ではないから、無償である必要はない。これに相当する中間法人は、配当を禁止する代わりに有限責任にすることができ、出資を受けられ、業務の範囲は有限会社同様に広い。NPO法の面倒な認証が不要で、共益法人であるから外から入ろうとする者を拒否できる。したがって乗っ取りの心配はない。これを同じく言葉にすると、「トクしないビジネス」と表現できる。

「高貴なこじき」型NPOは、日本では個人からの寄付に対する税控除の仕組みが貧弱で、そのため寄付が乏しく行政の下請け化しやすい。個人の寄付金が税控除の対象とならなければ、このままでは発展の余地が乏しいと言わざるを得ないだろう。

一方、「トクしないビジネス」の典型例として、ピースボートを例に挙げたい。彼らは独立した個人の出資から船旅を立ち上げ、通常の価格の半値で世界一周旅行を提供する。しかし彼らの目的は「過去の戦争に学び、未来の平和を創る」ことだから、そこにはレジャーでは見られない講座・企画・オプショナルツアーが存在する。そして活動から得られた収益は、途上国の人々への支援活動や平和活動に投ぜられ、彼ら自身の利益とはならない仕組みとなっている。

こうした働き方が、もっと多くの分野にあっていい。そもそも日本の起業家たちは、こうした利他的な目的のために努力してきたと思うからだ。つまり出資したリスクはあるものの、働いたわけではない者に利益を配当するよりは、現に働いた労働者や消費者、地域住民などに利益還元する組織が、かつての日本の起業家の主流であったように思うのだ。一般の企業と競うほどに市民の「トクしないビジネス」が発達するならば、経済のグローバリゼーションが実現する「M&Aでカネしか作らないビジネス」から、本来の価値ある商品を創りだす起業家に戻らせることができると思うのだ。

実務的に考えると、もしカネを扱う非営利活動をしたいと思うなら中間法人を射程に入れ、必要ならNPO法人と2つの顔を併せ持つ団体にしていくのがいいだろう。つまりNPO法人と中間法人の、2つの組織を併せ持つ団体になるのが適切だと思うのだ。

個人の生き方としての非営利・非政府

人が個人として生きていくときにも、両方の精神が必要だ。営利企業に勤めるから営利目的だけで生きるということはないし、行政に勤めたとしても統治だけに生きるのでもない。個人として、精神の自由さがどうしても必要だ。たとえば「市民と市民の直接のつながりを考える思考（＝NG）」と、「社会的分配の公正をめざす思考（＝NP）」だ。たとえばモノを買うときに貧しい人々を収奪しない製品を買ったり（フェアトレードなど）、募金するにしても直接困っている人に届けられるルートを選んだり（開発支援をするＮＧＯなど）、貯蓄先を選んだりすることだ。人は単に「経済主体」だけでは生きられない。だから両方を常に意識する生き方が必要になる。それが団体化したものが、ＮＧＯでありＮＰＯにすぎないのだから（図⑧）。

しかしそれによって食べていくとなると大変だ。そもそも「高貴なこじき」や「トクしないビジネス」は成り立たせるだけでも大変で、そこで食べていけるようにするには大変な労力がいる。ではどうしたらよいだろうか。そこには「半農半漁」のような兼業化の発想が必要になる。半分勤め人、残り半分がＮＧＯであったり、もっと多くの才能を使って半分アーティストでも、半分講師や作家であってもいいだろう。そう考えると、多様な自分を実現することが可能になる。実はこのことが、人の生き方のセキュリティーを高めることになるのだ。

たとえば今仕事をクビになったら、目の前が真っ暗になって前途を悲観するかも知れない。しかしその人が農業ができたり、他の才能で収入を得られたらどうだろうか。その分だけ安心できるだろう。営利ビジネスに営利ビジネスを重ねることは、通常会社から禁止されている。しかし非営利事業なら、企業の社会的責任が言われる今の時代、推進されることはあっても禁止されることはまれだろう。こうして生活のセキュリティーが高まると、おのずと自分の主張が積極的になる。つまり守りの姿勢が不要になってくるから、その分だけ積極果敢な姿勢が取れるのだ。すると、今の若者アンケートに出ているように、「会社から悪事を指示されたときに拒

図⑧　新しい生き方を模索する

新しい生き方を模索する

自分の力を、自分の人生のために注いだら……

> 会社に勤めるかたわら、非営利ビジネスやNPOを立ち上げる。農業をし、著作をし、講演をし、学生に教え、芸術活動をし、それらの収入を合計して生活の糧とすることができれば……

- 会社に勤めながら、もしその事業を非営利サービスとして立ち上げるとしたら。
- 同時に自分の他の能力を開発し、せっかくの人生の時間を社会的に意義あることにまわしたら。
- 「会社の中の社会がすべて」というのではなく、生きるための別な場を持っていたら。

⇩

> 私たちは生活リスクを分散でき、もっと自由に、自発的に、主体として生きられるだろう。

否したい」という傾向も、現実に実行していくことができるようになるのだ。

軍需企業は「おいしい餌」を手放すか？

しかし石油の奪い合いのために戦争する必要がなくなったとしても、アメリカは簡単には戦争をやめないだろう。軍事には「セキュリティー」という幻想がついているからだ。「保険貧乏」という言葉がある。個人である程度所得がありながら、生活が大変厳しい場合、たいていは保険貧乏だ。万が一の保険をかけすぎていて、その掛け金のために貧乏になってしまっているのだ。しかしこれを戻すのはむずかしい。なぜなら「セキュリティー」という幻想に取りつかれているためだ。本当は、どこまでいっても完全な安全はない。だから逆に、どれほど防衛したとしても安全にはならないのだ。それと同じことが今のアメリカに起きている。人々は「完全な安全」を求めて軍事費削減をタブーにし、安全を求めるために他国の人々を安全でなくしているのだ。

もう一つ、アメリカが戦争を止められない理由がある。こちらの方がより深刻かも知れない。アメリカの中でもっとも儲かっている産業が軍需産業だということだ。これは「抵抗勢力」なんてものではないほど強大な力を持っている。90年代半ばに「平和の配当」として世界的に軍需産業が衰退した時期があった。その時期にアメリカでは次々と巨大防衛産業間の合併が進み、結果として5社で3割以上を受注するほどの超巨大軍需産業が生まれてしまった。それは旧ソ連衰退の間隙を縫い、銃のような小火器類に至るまでの軍備を、世界中で独占する企業となってしまった。これら超巨大軍需産業が衰退に恐怖するとき、自作自演の事件を起こしてでも、自らが必要な社会を作り出すのではないか、と懸念するのだ。

そうした視点からみると、9・11事件ですらすでに怪しい[112]。というのは「ビートたけしの！こんなはずでは！　4年目の真実~7つの疑惑~」という番組や、「ボーイングを探せ」（日本語版／ハーモニクプロダクション発売）[113]というアメリカのドキュメンタリー番組で実証したように、以下の点で、現実の証拠が言われている内容と一致しないのだ。

まずピッツバーグに墜落した飛行機の残骸の分布からみて、同機は爆撃されたとしか考えられない点[114]、そして墜落前に英雄的に戦ったという携帯電話からの連絡は、高度からみて物理的

図⑨　ペンタゴンに激突したとされるボーイングだが[121]

に通話不可能だった点[115]、そしてペンタゴンに衝突した飛行機はボーイングのサイズよりはるかに小さかった点[116]（図⑨）、もしペンタゴンの天井を残してボーイング機が突入するためには、芝に機体がこすっていなければならなかったが、何もなかった点[117]（ならば本物はどこに行ったのか）、世界貿易センタービル（ＷＴＣ）に突入した機が、不思議なことに衝突前に何かをビルに発射している点[118]、そもそもあるはずのない楕円の突起物が飛行機についている点[119]、ＷＴＣ隣のビルが、なぜかＷＴＣ崩壊直後にダイナマイトによるビル解体の手法によって壊された点[120]（いったいいつ準備したのか）など、不可解な点が多すぎるのだ。これに対してアメリカ国内で、多くの市民による真相究明を求める訴訟があるにも関わらず、全体としてはタブーにされてしまっている。

　このままでは、どれほど軍縮が進展して国際条約で世界の安全が保障されたにしても、「おいしい餌をくわえて取られまいと、威嚇してくる犬」から餌（戦争）を取り上げるのは困難だ。彼らから餌を引き離すには、別のおいしい餌を与えること以外にはないのではないか、とも思う。徐々に国防費比率を下げつつ、軍需産業が生き残れる代替分野に誘導していく方法だ。たとえば地球環境問題の調査などは、彼らが受注可能な分野かもしれない。いずれにしても、世界の半分を占めるほどに強大化しすぎたアメリカの軍備の問題は、アメリカ人自身が解決していかなければならない。

　しかし最近、意外な方法に気づいた。そもそもどうしてアメリカはこれほどまで豊かなのだろうか、と考えてみた結果だ。

　要はアメリカはドルが基軸通貨であることをいいことに、ただドルを印刷するだけで世界中から資源をタダ取りできていたということなのだ。第二次世界大戦直後では、ドルは金との兌換になっていたために、膨大に発行することはできなかった。しかし１９７１年、ニクソンショックによって金との兌換を止めると、アメリカは莫大なドルを発行し始める。１９４９年から69年までの20年間に約１・５倍しか発行されなかったドルが、69年から03年までの30年ほどの間に20倍発行されているのだ。つまり他国はその分だけ、資源と労力をタダでアメリカに提供し、その分だけドルを外貨として準備したということなのだ[122]。だからこそアメリカは世界の資源を支配し、軍備を増強しながらこれほどの豊かな生活を維持することができたのだ。

　しかしそのドルが信認されなくなってきている[123]。アメリカが各国に押し付けたドルが、アメリカに戻ろうとしている。それはまるで、張りつめたゴムひもが鼻先に向けられているようなものだ。アメリカはそのドルを引き取るために、何か売らなければならない。こうして世界を支配してきたアメリカ経済が、終わろうとしている。間もなくアメリカは、軍事費を維持できなくなる。

アメリカ経済が軟着陸できるように、アメリカをコントロールしていくことがこれからの課題だ。世界は今、アメリカに怯えている。そのアメリカは自らのした残虐な行為の影に怯えている。アメリカは自暴自棄のようなことをしでかさないとも限らない。アメリカが抱く不信感を払拭できるような信頼関係を世界中が与えながら、アメリカ経済を持続的なものへと変えていく必要がある。たぶん、環境的にも戦争の危機の面からも、21世紀初頭の今がラストチャンスになるだろう。未来の展望を示すことができるかどうかが、チャンスを生かせるかどうかのカギになる。もうそろそろ過去のことばかり考えるのは止めにして、未来を創るのに専念してもいい頃だ。

ぼくの実行提案リスト

●戦争をやめていくために

戦争の現実を目をそらさずにみる。
メディアの操作に乗せられず、おかしいと思うことは信じない。
自分なりに原因を考えてみる。さらにそれを探究する。
人に聞かずにまず自分で考えてみる。
石油戦争であるなら、石油に頼らない生活の一歩を進める。
最大の原因に対して何ができるか考えてみる。
軍事費に貯金を提供しない。
戦争資金であるドルを買い支えない。
戦争を金儲けの道具にしない。
投資先と戦争との関係を調べる。
教育・福祉より戦争が大事というような政策に賛同しない。従わない。
いつももう一つの別の解決策を考える。
どこかほかで活動しようと思う前に、
今いる場所でできることを考える。

提案リスト

●地球温暖化を防ぐために

今からできることを考えるだけでなく、
　将来からみて今やらなければならないことを考える。
石油に頼らない世界をイメージする。
現実の生活の中で何が最大の原因かを調べる。
経済合理的に政策を考えてみる。
省エネ製品でどこまで節約できるか調べる。
それがどの程度経済的になるか計算してみる。
データで実証する。

●省エネと自然エネルギーを進める

省エネ製品のデータを調べて、経済的にどんな効果がでるか計算してみる。
企業としてどこに改善の余地があるか探してみる。
家庭内でどこにムダがあるか探してみる。
待機電力削減のために、スイッチ付きコンセントをつける。

ぼくの実行

現在使用している製品を省エネ製品と換えると、
どこまでエネルギー消費を減らせるか計算する。
断熱など、省エネできることを考えてみる。
どうしたら資金的に省エネ製品との買い換えが可能になるか考えてみる。

●おカネを平和と環境に役立てる

自分のカネがどこに預けられ、どう使われることになるのか調べてみる。
投資された先で、問題になっていないかどうか調べてみる。
自分のおカネの別な預け先・投資先がないか調べる。
どこにどれだけ分散投資するのがいいか考える。
モノを買うときに環境を考えてどこの製品を買うか、
どこのメーカーがいいのか考える。
必要なものを自分たちで、地域で作ることができないかどうか考える。
作れないとしても、もっとも身近なところから買うには
どうしたらいいか調べてみる。
今後のランニングコストを含めて、トータルで有利になるのは
どちらか計算する。

提　案　リ　ス　ト

根底にさかのぼって誤りを見出してみる。
近くに市民の非営利バンクを作ろうとしている人はいないか調べる。
自分たちでバンクが作れないか、検討する。
資金需要はどこにあるのか、どうすれば資金提供できるのか考える。
返済されるにはどういう方法があるか考えてみる。

●新しい社会セクターを創るために

今の社会に何が不足しているのか考えてみる。
周囲の人と共に実行できる現実的な方法を討議してみる。
経済的に成り立つものにできるかどうか調査してみる。
社会的に役立つものであるかどうか、ニーズがあるかどうか調査してみる。
どのような社会的枠組みを使えば成り立つのか調べてみる。
逆に、今自分たちに不足しているものは何か調べてみる。
自分がそれに対して、どこまで責任を負えるか確認する。
どんな未来が思い描けるか考え、それに向かう道筋を
　現実的なものにする。
生活そのものを、自分なりのものにする

ぼ　く　の　実　行

[カバーの絵とラナちゃん募金]

カバーの絵は、12歳の少女、ラナちゃんが描いてくれたものです。彼女はイラクのマンスール病院に白血病で入院していました。イラク戦争開戦の直前(2003年1月29日)に描かれた、もともとは鉛筆だけで描かれたものです(この本のカバーの絵の色は仮に入れたものです)。今度会うときには色鉛筆を持ってきてあげるからとラナちゃんに約束したのですが、彼女は5日後に亡くなってしまいました。誕生日の直前でした。皆さんが、誕生日を迎えることができたら、それはとてもすばらしいことです。その幸せをイラクの子どもたちに分けてあげませんか?

色鉛筆があったらラナちゃんがどんな色を使っただろうか想像して、ラナちゃんの絵に色を塗って完成させてください。そして私たち宛に投函してください。

[一口3000円より]

募金してくださった方には、誕生日にイラクの子どもたちが描いた誕生日カードが届きます。

[郵便振替口座]00540-2-94945　口座名　日本イラク医療支援ネット

[問い合わせ先] 日本イラク医療支援ネットワーク　電話0263-46-4218

[絵の送り先] 日本イラク医療支援ネットワーク　〒390-0303 松本市浅間温泉2-12-12

main_pages_sub/OUMUNOSEIRISEITON_PAGE8_019_5.HTM

122) 田中宇の国際ニュース解説「ドル安ユーロ高とアジア」 2003 年　http://tanakanews.com/d0528dollar.htm

123) 田中宇の国際ニュース解説「基軸通貨でなくなるドル」 2005 年　http://tanakanews.com/f0315dollar.htm

田中宇の国際ニュース解説　「中国首相がドル急落を予測？」2005年　http://tanakanews.com/blog/0503181517.htm　なお、第２章に挙げた参考文献も参照のこと

carbontax.html
101) 石油単価などは、BP社のStatistical Review of World Energy 2004より計算
http://www.bp.com/subsection.do?categoryId=95&contentId=2006480
102) 共同通信2005年10月7日は「二つの損害額の米議会予算局試算」を1300億ドルと伝えている。また、山火事についても共同通信2003年10月29日は「同州の推定被害額」を20億ドルと伝えている。
103) 第2章はじめ（44ページ）を参照
104) ヘルマン・シェーア『ソーラー地球経済』 岩波書店　2001年
105) 欧州連合（EU）欧州委員会が2005年2月15日に表明ただし途上国支援のため
106) ヘルマン・シェーア『ソーラー地球経済』 岩波書店　2001年に詳しい
107) 拙著（田中優、今井邦人共著、足温ネット編 ）『Eco・エコ省エネゲーム』合同出版　2004年に詳しい
108) ホンダエンジニアリング　http://www.honda.co.jp/tech/new-category/solar-cell/
109) 鉄道マニアのHPに詳しい　たとえば http:/akkunsair.web.infoseek.co.jp/SHINKANSEN-2.html
110) これについては「AMネット」「MAIにNO！」キャンペーンに詳しい　http://www1m.mesh.ne.jp/~apec-ngo/tousi/tousi-index.htm
111) http://www.takarabe-hrj.co.jp/takarabe/clock/index.htm
112) 田中宇『仕組まれた9・11』PHP研究所　2002年を参照
113) http://www.wa3w.com/911/
114) http://www.asile.org/citoyens/numero13/pentagone/
115)「ビートたけしの！こんなはずでは！4年目の真実～7つの疑惑～」での実験を参照
116) http://technotrade.50megs.com/kok_website/fireworks4/main_pages_sub/OUMUNOSEIRISEITON_PAGE8_019_5.HTM
117) http://helicopt.hp.infoseek.co.jp/pentagon04.html
118) http://www.911wasalie.com/phpwebsite/
119) http://www.knetjapan.net/mizumori/articles/airplanes.html　http://www.thetruthseeker.co.uk/article.asp?ID=2775
120) http://www.wa3w.com/911/
121) http://technotrade.50megs.com/kok_website/fireworks4/

77) 『ムハマド・ユヌス自伝――貧困なき世界をめざす銀行家』早川書房　1998年
78) たとえば　http://www.yasudasetsuko.com/gmo/column/000529.htm
79) 1993年、世界銀行とアメリカ政府（USAID）がそれぞれ200万ドルずつグラミントラストへ贈与。なお日本のOECF（現在のJBIC）も融資　http://www.jbic.go.jp/japanese/base/publish/oecf/letter/9806/bank.html
80) 松尾康範『イサーンの百姓たち』めこん　2004年
81) 総務庁統計局『世界の統計』大蔵省印刷局　1995年
82) CRA（Community Reinvestment Act 1977年制定）なお、中間支援組織としてCDC（Community Development Corporation）の存在が重要
83) 未来バンク事業組合についてはホームページ　http://www.geocities.jp/mirai_bank/
84) 岩手県消費者信用生活協同組合　http://sv56.bestsystems.net/~dbzop000/
85) 日本共助組合　http://homepage2.nifty.com/jcu/
86) 女性・市民信用組合設立準備会　http://www.wccsj.com/
87) 北海道NPOバンク　http://npo-hokkaido.org/bank_hp/
88) NPO夢バンク　http://www.yumebank.org/
89) NPO法人コミュニティファンド・まち未来　http://www.h7.dion.ne.jp/~fund/
90) ap bank http://www.apbank.jp/index2.html
91) A SEED JAPAN エコ貯金ナビ　エコ貯金リンク集 http://www.aseed.org/ecocho/link.htm
92) 足温ネット　http://www.sokuon-net.org/
93) 第3章の後半部分（75ページ以下）を参照
94) ECaSS フォーラム　http://www.ecass-forum.org/jpn/
95) ロビン・マレー『ゴミポリシー』グリーンピース・ジャパン　2003年
96) 小川町風土活用センター（NPOふうど）　http://www.foodo.org/index.html
97) 油藤商事　http://www.aburatou.co.jp/
98) たとえば2001年、地球の友の「ブッシュ政権京都議定書離脱に抗議」キャンペーンに、両社は参加している
99) EARTH POLICY INSTITUTE　http://www.earth-policy.org/Indicators/indicator10.htm
100) 気候ネットワーク　http://www.jca.apc.org/kikonet/theme/kokunai/

policy/eco_business/LCA/LCAproject.pdf
59) 月刊消費者04年7月号の実験データによると、実際の消費量が公表データに近いものから順に、「日立、ナショナル、東芝、サンヨー、三菱、シャープ」の順になっている。
60) http://www.greenpeace.or.jp/library/99af/canada/library/98gf/gf_index.html
61) 省エネに関する部分は、拙著（田中優、今井邦人共著、足温ネット編）『Eco・エコ省エネゲーム』合同出版　2004年　「努力・忍耐」に頼らない仕組みをゲームで学ぶワークショップを提案している
62) 宿谷昌則、西川竜二ほか『エクセルギーと環境の理論――流れ・循環のデザインとは何か』北斗出版　2004年
63) 自然エネルギー自立ハウス（ハービマンハウス）に関する研究　http://www.sol.mech.tohoku.ac.jp/harbeman.html
64) ECaSSフォーラム　http://www.ecass-forum.org/jpn/
65) バイオマスエタノール　丸紅・月島機械　http://www.meti.go.jp/report/downloadfiles/g30528d40j.pdf
66) 総合資源エネルギー調査会石油分科会石油部会第12回燃料政策小委員会　議事録　http://www.meti.go.jp/kohosys/committee/summary/0002165/
67) 共同通信ニュース速報　2005年2月2日など
68) http://www.thanksnaturebus.org/
69) 染谷商店　http://www.vdf.co.jp/
70) 小川町風土活用センター（NPOふうど）　http://www.foodo.org/
71) グリーンピースHP　http://www.greenpeace.or.jp/campaign/energy/basics/self_support_html
72) 航空連合　産業政策提言　http://www.jfaiu.gr.jp/05syuppan/teigen/teigen_pdfword/digest2002_2003/1-3.doc　より
73) 航空連合によれば、国内35万人、国外8万人と予測　http://www.jfaiu.gr.jp/05syuppan/teigen/teigen_pdfword/digest2004_2005/1-2.doc　より
74) グループKIKI著（拙著）『どうして郵貯がいけないの』北斗出版　1993年
75) アメリカ財務省HP　2004/6月分データ　http://www.treas.gov/tic/mfh.txt　より作成
76) たとえば日本総研「CSRアーカイブス」　http://www.csrjapan.jp/link/05_01.html

wp1964/sb602.htm
42) 国立社会保障・人口問題研究所『人口統計資料集 2001/2002』『日本の将来推計人口（平成 14 年 1 月推計）』たとえば次のサイトを参照
http://www.tomi0730.com/bunkyo/0302/text/10_sample1.doc
43) これについては拙著『日本の電気料金はなぜ高い』北斗出版　2000年を参照されたい
44) 全国地球温暖化防止活動推進センターホームページなど　http://www.jccca.org/education/datasheet/03/data0302_2001.html
45) 気候ネットワークホームページ　http://www.jca.apc.org/kikonet/iken/kokunai/2004-6-2.html
46) 全国地球温暖化防止活動推進センターホームページなど　http://www.jccca.org/education/datasheet/03/data0304_2001.html
47) 内閣府地球温暖化対策推進本部　http://www.kantei.go.jp/jp/singi/ondanka/index.html
48) 共同通信　2005 年 3 月 29 日配信記事
49)『図で見る環境白書』平成 9 年度　http://www.env.go.jp/policy/hakusyo/zu/eav26/eav260000000000.html
50) この章の電気の分析は、拙著『日本の電気料金はなぜ高い』北斗出版　2000年にある
51) 東京電力ホームページより　ただし現在は残されていない
52) 毎年の電気事業連合会編『電気事業便覧』参照
53)「直接負荷制御」については、山谷修作『よくわかる新しい電気料金制度』電力新報社　1995 年　101 ページ参照
54) 長谷川公一『脱原子力社会の選択』新曜社　1996 年に詳しい
55) 電気事業連合会『電気事業便覧（各年度）』汽力発電所熱効率の経年変化を参照
56) 省エネに関するデータは、拙著（田中優、今井邦人共著、足温ネット編）『Eco・エコ省エネゲーム』合同出版　2004年に詳しい。詳細データはそちらを参照されたい
57) 電気と外から集める熱の比率をCOP値という。トータルシステム研究所代表北原博幸「室内環境と湿度～効果的な除湿とは」　http://www.jie.or.jp/life/seminer1/Kitahara.PDF
58) 経済産業省環境調和産業推進室「LCA プロジェクトの現状と今後の在り方」（LCA プロジェクト報告会）平成 15 年 6 月 20 日　http://www.meti.go.jp/

english/docs/2004/05/05/iraq8547.htm
27) 星川淳「戦争民営化の行き着くところ」『自然と人間』2003年4月号
28) ダン・ブリオディ『戦争で儲ける人たち』幻冬舎　2004年
29) The Carlyle Group　よくあるご質問　http://www.carlyle.jp/company/l3-company737.html#tcg
30) テレビ朝日「サンデープロジェクト」「ブッシュ政権と戦争利権〜失われた「大義」と副大統領疑惑」2003年10月12日
レズリー・ウェイン「カーライル・グループに関する情報——旧ブッシュ陣営の新しい戦い」『インターナショナル・ヘラルド・トリビューン』紙　2001年3月6日　http://fuku41.hp.infoseek.co.jp/150511.htm
31) The Carlyle Group　よくあるご質問　http://www.carlyle.jp/company/l3-company737.html#tcg
32) DoD TOP 100 COMPANIES AND CATEGORY OF PROCUREMENT-FISCAL YEAR 2003　http://www.dior.whs.mil/peidhome/procstat/p01/fy2003/P01FY03-Top100-table3.pdf
33) ジョエル・アンドレアス『戦争中毒』合同出版　2002年
34)「武器輸出三原則」——1967年の佐藤内閣当時、共産圏諸国、国連決議での武器輸出禁止国、国際紛争当事国と、そのおそれのある国には武器を輸出しないという貿易関連法での規制平和憲法の理念に基づき、当時の政治課題として決められた今、北朝鮮問題の関連で、アメリカとの「弾道ミサイル防衛共同開発」の妨げになることから再度問題にされている。これが放棄されると、日本は軍需産業国家となるおそれがある
35) 井田徹治『データで検証！　地球の資源ウソ・ホント』講談社ブルーバックス　2001年
36) BPホームページ　http://www.bp.com/subsection.do?categoryId=10104&contentId=2015020
37) 池野高理「保険社会」『技術と人間』 1990年　164ページ
38) Joseph J. Mangano, Radiation and Public Health Project 2003年　http://www.radiation.org/spotlight/reactorclosings.html
39) Radiation and Public Health Project http://www.radiation.org/projects/tooth_fairy.html
40) 厚生労働省統計　都道府県別人口動態統計100年の動向　http://www1.mhlw.go.jp/toukei/kjd100_8/index.html
41)『原子力白書』昭和39年版　http://aec.jst.go.jp/jicst/NC/about/hakusho/

15) 田中宇の国際ニュース解説　2002年4月27日　http://tanakanews.com/c0427philippines.htm　再び植民地にされるフィリピン
16)「コロンビア計画」は第2のベトナム戦争？　北沢洋子　http://www.angel.ne.jp/~p2aid/kitazawa_colombia.htm
17) Crackdown on Afghanistan's cash crop looms In war on drugs, authorities seek to uproot poppies By Victoria Burnett, Globe Correspondent September 18, 2004 http://www.boston.com/news/world/middleeast/articles/2004/09/18/crackdown_on_afghanistans_cash_crop_looms?mode=PF
18) トランスアフガニスタンパイプラインの地図　http://www.iijnet.or.jp/IHCC/newasian-afganistan-newpipeline-route01.html
19) ティモール海の石油とガスアップデート ラオ・ハムツク会報　第4巻3-4号　2003年8月　http://www.asahi-net.or.jp/~gc9n-tkhs/oil.html
20) アフリカにおける米国の軍事政策再編　ピエール・アブラモヴィシ　http://www.diplo.jp/articles04/0407-2.html
21)「株式日記と経済展望」追い詰められたわが同盟国アメリカを理解しよう　アメリカは石油戦略で基軸通貨国の地位を守るしかない　2005年2月23日 http://www5.plala.or.jp/kabusiki/kabu90.htm
22) アジアの銀行、ドル建て預金の比率低下＝BIS　ロイター発2005年3月7日　http://news.goo.ne.jp/news/reuters/keizai/20050307/JAPAN-171513.html?C=S
23) "Information from the Stockholm International Peace Research Institute (SIPRI),　http://www.sipri.org/contents/milap/milex/mex_world_graph.html
24) SIPRI The major spenders in 2003 http://www.sipri.org/contents/milap/milex/mex_major_spenders.pdf より作成
25) MAJOR FOREIGN HOLDERS OF TREASURY SECURITIES　米国財務省　http://www.treas.gov/tic/mfh.txt　より作成
26) サミ・マッキ　暴力の民営化　http://www.diplo.jp/articles04/0411-5.html
アンドレ・ヴェルロイ　殺しとビジネス――民間軍事サービス企業と平和維持活動　http://www.ni-japan.com/
北沢洋子　イラク戦争の民営化　http://www.jca.apc.org/~kitazawa/undercurrent/2004/iraq_privatization_05_2004.htm
Q&A: Private Military Contractors and the Law　http://www.hrw.org/

【献注】

1)［TUP-Bulletin］速報433号　IAC緊急声明：米国は現地政府に津波警告を出さなかった！　http://groups.yahoo.co.jp/group/TUP-Bulletin/　http://www.iacenter.org/
Tsunami - 134,000 Dead: The Role of U.S. Criminal Negligence on a Global Scale
Casualties of a policy of war, negligence, and corporate greed Statement from the International Action Center
2) http://www.jca.apc.org/DUCJ/index-j.html
3) http://www2s.biglobe.ne.jp/~l-city/reser/ameri/ameri008.html
4) 2003年イラク侵攻前後での死者数：集団抽出調査　Les Roberts, Riyadh Lafta, Richard Garfield, Jamal Khudhairi, Gilbert Burnham（*The Lancet*, Octorber 29,2004）
5) http://groups.yahoo.co.jp/group/voiceofarab/　2004/11/20　イスラム・メモ
6) 毎日新聞　2004年9月17日
7) 毎日新聞　2003年9月18日
8)［TUP-Bulletin］TUP速報214号　帝国現地レポート（25）2003年11月14日　http://groups.yahoo.co.jp/group/TUP-Bulletin/
9)「チャベス政権――クーデターの裏側」：NHKスペシャル
10)「石油のための戦争――ブッシュはなぜイラクを攻めたいのか」アメリカの戦争拡大と日本の有事法制に反対する署名事務局
11) http://www.fromthewilderness.com/free/ww3/092502_endgame.html
Sizing Up the Competition --Is China The Endgame? by Dale Allen Pfeiffer, FTW Contributing Editor for Energy より
12) http://chechennews.org/chn/0230.htm　チェチェン総合情報
13) http://www.special-warfare.net/data_base/101_war_data/euro_01/russia_01.html　パイプライン位置図
14) 田中宇の国際ニュース解説　2004年11月30日　http://tanakanews.com/mail/　ウクライナ民主主義の戦いのウソ

おわりに

「これまで教わってきたことと、あまりにも内容が違うので、とまどっています……」と、ぼくが教えている大学の学生が言った。「先生は企業が改善すべきで、市民のライフスタイルの改善は、重要ではないと主張しているのですか？」

こうした誤解はよくあるようだ。ぼくは個人の責任、そして努力を否定するつもりはないし、企業の責任に帰してそれでよしとするつもりもない。必要なのは、それぞれの責任に応じた分担だ。８割の責任がある者は８割の義務を背負うのが当たり前だ。それを「みなさんのライフスタイルの問題」というように、残り２割の個人にあらかたの責任を押し付けるとしたら、そこに作為を感じるのは当然ではないだろうか。

ぼくたちが本当に実現したいことは何なのか？　そこを考えてほしい。地球環境や戦争の問題を解決したいのか、それとも自分は努力しましたというアリバイを得たいのか。もちろんぼくも自分だけが、効果的な活動をしていると思ってはいない。しかし戦時中の人々がそうであったように「自分がこれだけ我慢しているのだから、戦争に勝つのは間違いない」と信じるような、自己欺瞞に陥りたくはないのだ。今でも人々は「自分がテレビから目を離すと××（プロ野球チーム）が負ける」というようなジンクスを信じたがる。たとえば、「私がこれだけリサイクルをしているのだから、環境は良くなっているに違いない」と信じる精神性（メンタリティー）には、とても危険なものを感じるのだ。

問題を解決するためには、問題発生の原因と、原因に至る動機を調べなければならない。いくら懸命に努力していたとしても、的外れな対策では解決に結びつかない。問題を解決することは、気持ちの問題ではないのだ。そして大きな問題を起こしている者は、その分だけ解決に向けた潜在的な大きな力を内包している。したがって、地球環境や戦争の問題で企業に解決できる余地が大きいというのは単純な事実なのだ。

そして解決策を進めていくには動因を調べる必要がある。企業にも個人にも大きいのは、経済的利益という動機だろう。環境破壊や戦争といった「悪」が企業や個人の利益につながるなら、社会は一目散に「悪」に向かう。逆に「悪」に向かうことが「損失」につながるなら、企業も個人も極力「悪」を回避するようになるだろう。環境破壊や戦争が利益となるか、損失となるかのポイントを切り換えれば、社会の流れはおのずと決まっていく。ならばどこにポイントがあるのか探して、平和と環境保全の方向に切り換えていけばいいはずだ。

今たとえば環境問題について、マスコミの取り上げ方とは裏腹に、人々は出来れば顔を背けたいと思っているように見える。もちろん環境破壊の「責任のなすりつけ」のせいもあるが、それ以上に「解決できる見通しのない問題に目を向けろ」と言われることの苦痛が大きいのではないだろうか。それはぼくたちNGO・NPOのアプローチのせいもある。自分が解決策も持たずに（もしくは伝えずに）問題点だけ並べているとしたら、当然の反応ではないか。そうではなく、「解決可能な問題なのだ、少なくともこうすれば可能だ」という選択肢を伝える必要があるのだ。「××環境推進員、××リーダー」と称される人々ですら、未来を見失ってしまっていることもある。自分が解決を信じていないのに、誰が何のリーダーになれるというのか。まず自分自身が、不器用でもいいから解決できる糸口を得ることが必要なのだと思う。

もちろん問題は簡単なものではないのだから、解決策だって単純なものにはならない。単なる「評論家」は、「そんな簡単な問題ではない、荒唐無稽な解決策だ、無理だ」と言うだろう。しかし人の足を引っ掛けて転ばせることは簡単だが、自ら創るのは大変だ。「評論家」の言に耳を傾けるより、自ら考え、創った方がいい。「そんな話は誰も信じない、おまえだけだ」と言われもするだろう。しかしどんな常識でも、最初はたった一人のアイデアに始まっているのだ。臆することはない。

そもそも「未来への扉」は、たった2種類しかない。一つは「余儀なくされる未来」、もう一つは「自分の意志で開く未来」だ。この2つには大きな違いがある。自分の意志で選択したなら、どんな未来でも「させられたもの」にはならない。どんな未来だろうと、自分の選択の結果なのだからあきらめもつく。一方で自分の意志で未来を選択したくない人にとってみれば、すべての扉は「させられるもの、余儀なくされたもの」にしておきたい。その結果に自分は従わなければならないが、責任は背負わずにすむ。それは誰かのせいであり、社会のせいですむからだ。

そうやって生きていくのも悪くはない。良くもないが自分の責任を感じなくてすむ。しかし不幸なのは自分の行く末が見えたときだ。「あと3カ月の命だ」と宣告されるほどドラマティックなものでなくても、ある時、自分の生を振り返ることだってある。そのとき気づく。新雪にシュプールを描くような、自分の生の軌跡が存在しないことに。いつだって誰かの意志に従っていただけで、自分の意志で選択したことがないから、人のシュプールの跡に消されてしまって自分の足跡が見当たらないのだ。「自分の生は意味があったのか」という疑問が湧く。他の誰のものでもいい「生」があるだけで、自分のものでなければならないはずの「生」が存在しない。今朝、どの靴を履いたかという程度の些細な選択ならあっただろうが、選んだはずの進学も就職も、「させられただけ」のものに見えて色あせてしまう。

種明かしをすれば、今あなたが住んでいる世界も、あなたが扉を開けて入った場所なのだ。扉は幾重にも重なって、連続している。この本に書いた「自分の意志で開く未来への扉」もまた、その扉の一枚にすぎない。自分の意志で選択可能な未来を、現在の諸条件の中から紹介しているだけにすぎない。後の選択はあなた自身にお任せしたい。

■1年分の世界の軍事費で解決できること

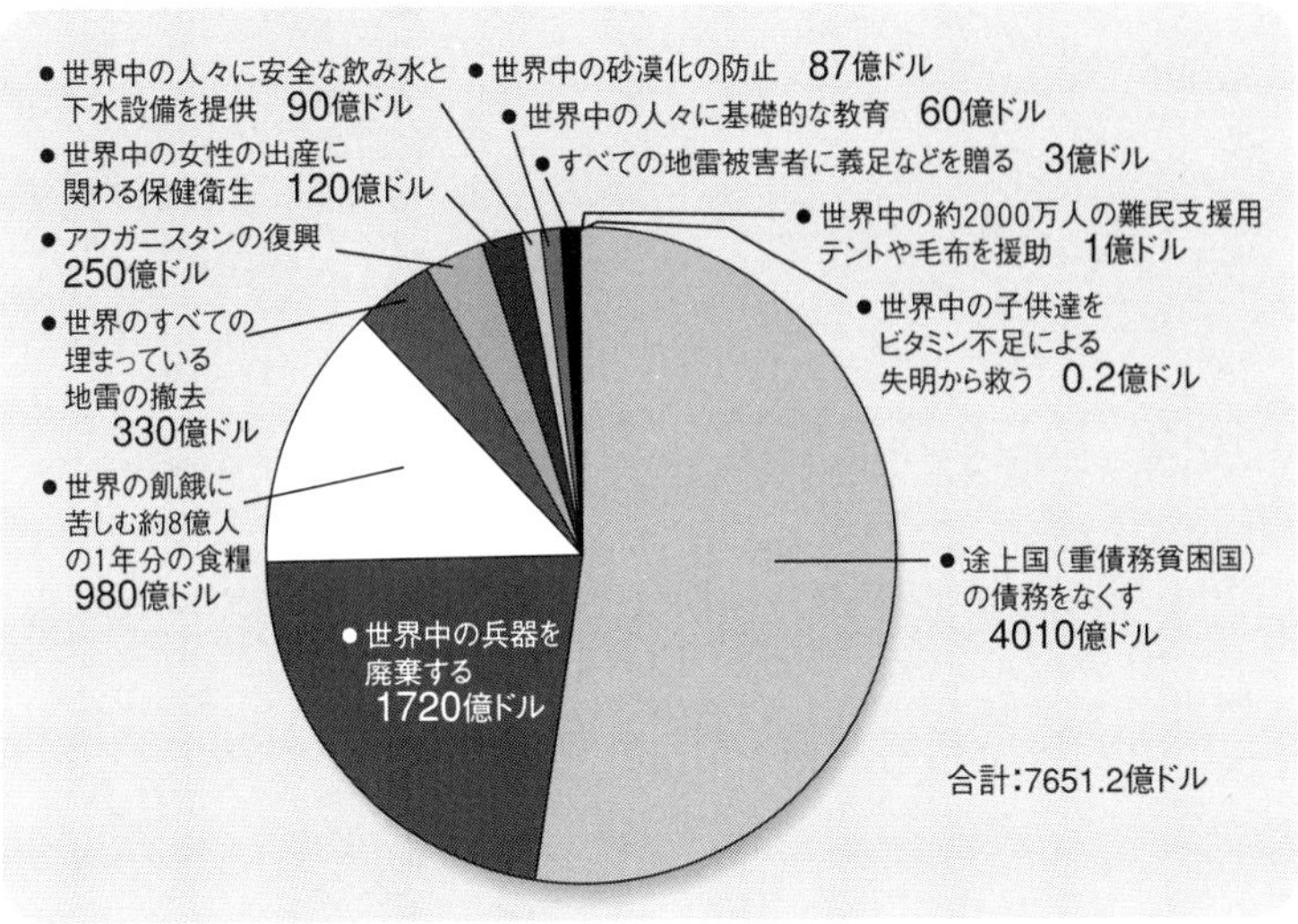
●世界中の人々に安全な飲み水と下水設備を提供　90億ドル
●世界中の砂漠化の防止　87億ドル
●世界中の人々に基礎的な教育　60億ドル
●世界中の女性の出産に関わる保健衛生　120億ドル
●すべての地雷被害者に義足などを贈る　3億ドル
●世界中の約2000万人の難民支援用テントや毛布を援助　1億ドル
●アフガニスタンの復興　250億ドル
●世界中の子供達をビタミン不足による失明から救う　0.2億ドル
●世界のすべての埋まっている地雷の撤去　330億ドル
●世界の飢餓に苦しむ約8億人の1年分の食糧　980億ドル
●途上国（重債務貧困国）の債務をなくす　4010億ドル
●世界中の兵器を廃棄する　1720億ドル
合計：7651.2億ドル

さらに蛇足を加えれば、「自分の意志で選択した未来」は疲れない。疲れた体験を思い出してみてほしい。人に「やらされる」とき、とても疲れる。自分で選択して、好き好んでやっていることは心地良くはあっても、疲れることはない。どんなときだって、「好き好んでやる」ことは可能だ。仕事で働かされるときだって、口で「分かりました」と応えた後、自分がどうしたらそれを楽しく「好き好んで」できるかを考えることもできる。「いずれは独立してこんな会社つぶしてやる」でもいいし、「今度はこの仕事を終えるのに、1時間の壁を破ってやる」でもいい。「させられる仕事」を、「みずからする仕事」に変えるのだ。こうするだけで元気になれる。元気は人に伝播するから、きっと周りの人も元気になれる。その方がずっといい。

最後に別な選択肢を円グラフで紹介しよう。世界が使っている1年分の軍事費を他に振り分けたらどうなるかを調べたものだ。もし私たち地球上に住む者が、互いに殺し合うためにではなく、人々を生かし合うために資金を使ったら、ここに挙がっているすべての問題をたった1年分の軍事費で解決でき、200億ドルもおつりが来る。どれも緊急かつ重要、しかも私たちが願っていることではないか。どこにポイントがあるのか探して、流れを切り換えていけば可能な未来のはずだ。それでも私たちには明るい展望がないのだろうか。

2005年5月　新緑のダム予定地にて

■著者紹介
田中　優（たなか・ゆう）
未来バンク事業組合理事長、足元から地球温暖化を考える市民ネット理事
1957年、東京生まれ。地域の反原発運動から環境問題に入りさまざまなNGO活動に関わり、揚水発電問題全国ネットワーク共同代表、自然エネルギー推進市民フォーラム理事などで活躍中。
本書でも活動の一端が紹介されているが、Mr.Childrenの櫻井和寿さん、音楽プロデューサーの小林武史さん、音楽家の坂本龍一さんが立ち上げた環境などをテーマに融資する「ap bank」への支援、日本国際ボランティアセンターでの国際的な活動など、国内外に幅広いネットワークを持ち、講演、執筆、ネットワーキング活動など、国内外で平和・環境・持続可能な社会作りの活動をしている。
【著書】
『環境破壊のメカニズム』『日本の電気料はなぜ高い』『どうして郵貯がいけないの』（以上、北斗出版）『非戦』（共著、幻冬社）『戦争をしなくてすむ世界をつくる30の方法』（共著）『Eco・エコ省エネゲーム』（以上、合同出版）などがある。

戦争をやめさせ環境破壊をくいとめる
新しい社会のつくり方

エコとピースのオルタナティブ

2005年 7 月25日　第1刷発行
2009年 3 月25日　第7刷発行

著者　田中　優
発行者　上野良治
発行所　合同出版株式会社
東京都千代田区神田神保町1-28
郵便番号　101-0051
電話　03(3294)3506
振替　00180-9-65422
http://www.godo-shuppan.co.jp/
印刷・製本　新灯印刷株式会社

■刊行図書リストを無料進呈いたします。
■落丁乱丁の際はお取り換えいたします。

ISBN978-4-7726-0345-4 NDC301 188×130